河流水质对岩溶山地坡面景观变化响应的时空模拟

蔡 宏 著

U0337725

中国矿业大学出版社

·徐州·

内容提要

本书采用野外采样与数值模拟相结合、机制分析与反演建模相匹配的研究思路，以赤水河流域为例，在局域尺度上针对岩溶水系统的特点修正 SWAT 模型，建立适合岩溶流域非点源污染模拟方法，定量评估典型岩溶构造、降雨、植被覆盖及土地利用对氮、磷输移的影响，明确岩溶流域非点源污染的形成机制；在全局尺度上利用野外采样调查、GIS 空间分析、遥感技术等手段，结合流域坡面景观时空变化研究，定量分析目标约束条件下的坡面景观组成、景观格局、景观强度变化对河流水质的影响，在神经网络模型的支持下构建对岩溶流域解释能力更强的"坡地景观-水质"响应模型。

本书可供从事喀斯特地区生态环境、景观格局、与水相关的生态系统服务等方面研究的相关学者阅读和参考，同时可作为生态环境及自然资源部门的管理人员从事流域管理的参考资料。

图书在版编目(CIP)数据

河流水质对岩溶山地坡面景观变化响应的时空模拟 /
蔡宏著.— 徐州 ：中国矿业大学出版社，2024.5.
ISBN 978 - 7 - 5646 - 6277 - 6

Ⅰ. X832
中国国家版本馆 CIP 数据核字第 20245F44J8 号

书 名	河流水质对岩溶山地坡面景观变化响应的时空模拟
主 编	蔡 宏
责任编辑	宋 晨
出版发行	中国矿业大学出版社有限责任公司
	(江苏省徐州市解放南路 邮编221008)
营销热线	(0516)83885370 83884103
出版服务	(0516)83995789 83884920
网 址	http://www.cumtp.com E-mail：cumtpvip@cumtp.com
印 刷	苏州市古得堡数码印刷有限公司
开 本	787 mm×1092 mm 1/16 印张 15.25 字数 290 千字
版次印次	2024 年 5 月第 1 版 2024 年 5 月第 1 次印刷
定 价	89.00 元

(图书出现印装质量问题,本社负责调换)

前　言

　　人类活动是环境变化的主要驱动力之一,人类活动所造成的水文效应问题已成为国内外学者关注的焦点。正确认识人类活动对水资源演变过程的影响及其耦合关系,可为实现水资源的可持续利用提供有效保障。

　　岩溶系统是地球表层系统和全球碳-水-钙循环过程的重要组成部分。作为典型的生态脆弱区,与非岩溶地区相比,人类活动对水循环过程的影响在岩溶系统中表现得更加显著。剧烈的人类活动干扰已经在不同程度上改变了岩溶地区的水文循环过程,并导致石漠化、工程型缺水、水体污染等众多生态环境问题。而且在岩溶地区,地表水与地下水之间频繁和迅速的相互转换,更容易造成水体的交叉污染和叠加污染,且这种影响是不可逆的。因此,正确认识岩溶地区脆弱生态背景下人类活动对水环境的影响,模拟影响规律,探讨人类活动对岩溶山地河流水质演变的驱动机理,对岩溶地区水循环系统健康发展及水环境保护均有重要意义。人类活动在地表以景观特征的形式表现出来,主要体现在景观组成、空间配置、利用强度上的不同。地表景观变化问题本身的复杂性和岩溶水文现象的随机性,使得对岩溶地区地表景观变化对水环境影响的定量化研究较非岩溶地区的更加困难。

　　赤水河是长江上游南岸重要的一级支流,赤水河流域不仅是整个长江流域生态屏障建设的战略要地,对长江流域生态安全及社会经济健康发展起着至关重要的作用,而且给当地居民生活生产提供了重要保障。流域内中上游地区喀斯特地貌广泛发育,流域内镇雄、毕节、大方、金沙、威信、仁怀、遵义、桐梓、习水和古蔺部分地区均为喀斯特地区。丹霞地貌主要分布在流域内中下游赤水至习水,四川省的古蔺县与合江县,是红色陆相碎屑岩在内力与外力地质作用配合下形成的地貌形态。该流域面积约 20 000 km²,干流长约 436.5 km,流域内落差为 1 475 m,山势陡峭,河流两岸海拔为 1 000~1 800 m,河谷深切狭窄。流域内岩溶非常发育,山脉、河流与构造线走向一致,多为向斜成山、背斜成谷,地形切割强烈,相对高差 500~700 m,形成山原中山峡谷地貌特征。其中上游水域为茅台、习酒、郎酒等众多名优白酒提供水源,对流域水质保护的重视程度高,早在十几年前点源污染已经基本得到控制,这为非点源污染的研究提供了天然试验场。在流域总面积中，坡度大于6°的坡地占总面积的91.9%，其中6°~25°的坡地占67.7%，而大于25°的陡坡地占24.2%。

流域内地表坡降大，地少人多，贫困人口基数大，水土流失严重，人类对坡地的掠夺式开发很大程度上改变了地表景观格局，形成了特有的坡面景观，而较大的坡度可以导致地表景观中污染物因地势加倍迁移到河水中。如今，干流断面水质虽然均可达到Ⅱ类水功能区要求，但较20世纪五六十年代的Ⅰ类水质已下降许多，其中某些主要水质指标也已明显不如20世纪90年代以前的。干流水质污染逐步加剧的趋势明显，部分支流河段（如盐津河、五马河）水污染较为严重，水环境问题制约地区经济可持续发展的矛盾日渐突出。

2012年，国务院印发《国务院关于进一步促进贵州经济社会又好又快发展的若干意见》（国发〔2012〕2号）文件，首次在国家层面上全面系统支持贵州发展，在贵州省大力实施工业强省战略和城镇化带动战略。同时，继续推进退耕还林还草、人工造林、石漠化综合治理等生态修复工程，促进区域生态环境的改善。人类活动的叠加在较短时间段内会导致岩溶地区地表景观、水资源利用、农作物耕种模式的迅速改变，在一定程度上触发流域水质甚至岩溶水循环系统的变化及响应。在如此快速的岩溶地区地表景观变化情景下，岩溶流域系统内部污染负荷怎样迁移转化？最终对河流水质产生怎样的影响？是本书将要回答的问题。

本书的相关研究得到国家自然科学基金项目（41901225）和贵州省自然科学基金项目（黔科合基础〔2016〕1028）的资助。本书所使用的公开数据主要来源于美国国家航空航天局、中国科学院计算机网络信息中心地理空间数据云、中国科学院资源环境科学与数据中心、国家气象科学数据中心、贵州省水文水资源局等机构。全书写作过程中参考和引用了一些专家学者发表的研究成果，在此向有关作者和组织机构表示衷心的感谢。感谢参与研究的张旭昭、郑婷婷、陈羿伯、林国敏、康文华、刘家威、郝建东、毛永等同学为课题的完成和本书的撰写做出的贡献和付出的辛勤劳动。

限于研究水平，书中难免存在疏漏之处，敬请读者批评指正。

著　者

2023 年 12 月

目　　录

第1章 绪 论

1.1 研究意义

人类自古逐水而居,流域孕育人类文明,河流与人类进步和社会发展之间有着密切的关系。水是人类赖以生存和发展不可替代的重要资源和物质基础,也是生态环境的基本要素。水质与环境密切相关,也与人口间接相关,水质问题已成为举世瞩目的重要问题之一。与河道内水体本身相比,水污染的更重要的来源是流域内与生态环境相关的人类生活和生产活动。在点源污染基本得到控制的趋势下,随着工业、农业及城镇化的迅速发展,由生态环境变化引发的水环境问题已经成为科学家们关心的热点。

岩溶系统是地球表层系统和全球碳-水-钙循环过程的重要组成部分。作为典型的生态脆弱区,与非岩溶地区相比,人类活动对水循环过程的影响在岩溶系统中表现得更加显著。剧烈的人类活动干扰已经在不同程度上改变了岩溶地区的水文循环过程,导致石漠化、工程型缺水、水体污染等众多生态环境问题(江民,2022;李威 等,2023;贺凯凯 等,2024)。在岩溶地区,地表水与地下水之间频繁和迅速的相互转换,更容易造成水体的交叉污染和叠加污染,且这种影响是不可逆的(何守阳 等,2010;郭琴 等,2017)。因此,正确认识岩溶地区脆弱生态背景下人类活动对水环境的影响,模拟影响规律,探讨人类活动对岩溶山地河流水质演变的驱动机理,对岩溶地区水循环系统健康发展及水环境保护均有重要意义。

贵州省位于世界三大喀斯特集中连片分布区之一的东亚片区的核心地带,岩溶发育,岩石沉积厚度大、分布广,碳酸盐岩面积达 13 万 km²,占全省总面积的 73%,其中以中山、中低山为主的喀斯特山地占 57%,农村人口基数大,人地矛盾尖锐,生态环境脆弱(张跃红 等,2012;赵宇鸾 等,2017)。首先,农户过度依赖土地,高强度的农业活动(坡地垦殖和以大量使用化肥农药的方式提高土地生产力)使得在遇较强降水的情况下,耕地残余的化肥和农药、地膜等污染物在岩溶地区发达的地表地下管网系统和耕地坡度的重力势能的帮助下,随地表径流加倍迁移到水体中,导致岩溶水质退化。其次,森林植被林冠可截留 10%～50%的降水(鲍文 等,2004),可有效降低降水对土壤的直接冲刷作用及减少地表径流的产生,而岩溶山区的植被特别是森林群落的退化降低了生态系统的水源涵养、自净能力,并使土层变薄,在遇强降水的情况下,地表污染物极易随地表径流进入水循环系统。另外,近几十年来,岩溶地区城镇化发展迅速,在脆弱的岩溶环境下快速城镇化的生态环境效应更为明显,城市地表径流量的增多显著地增加了进入地表河流的泥沙量和污染负荷,加重了非点源污染。

人类活动在地表以景观特征的形式表现出来,主要体现在景观组成、空间配置、利用强度上的不同。地表景观变化问题本身的复杂性和岩溶水文现象的随机性,使得岩溶地区地表景观变化对水环境影响的定量化研究较非岩溶地区更加困难(戴明宏 等,2015)。同时,流域的生态系统在很大程度上也是由下垫面的条件所影响和决定的,下垫面通过影响水量平衡,进而影响水文循环过程及土壤、水体中物质能量的转化与迁移过程,并以此最终制约着以水、土为依托的生态系统的演变(张新 等,2014)。遥感技术以其特有的综合性、宏观性、多时相和多尺度性,在获取流域地表数据以及定量反演地表时空多变要素的参量方面具有独特的优势。通过遥感技术可以快速准确地提取地表信息,再结合定点水质采样数据与实验分析结果,建立微观的水质指标与宏观的流域生态环境之间的预测关系。这将有助于在点源污染已经排除的情况下,从宏观上解析水体的不同污染状况对应的各生态环境因素格局,从而找出造成研究区水质恶化的因素,为保护水质提供科学依据。

1.2 国内外研究现状

1.2.1 流域景观特征对河流水质的影响

德国地理植物学家 Carl Troll(卡尔·特罗尔)于 1939 年通过航空像片研究东非土地利用问题时,首先提出景观生态学(landscape ecology)一词,并于 1968 年将其定义为对景观某一地段上生物群落与环境之间的主要的、综合的因果关系的研究,这些相互关系可以从明确的分布组合和各种大小不同等级的自然区划表现出来。从 20 世纪 70 年代开始,国外的学者从点位、河段、河岸带以及流域的尺度对流域景观特征和河流水质之间的关系进行研究,形成了较为完善的理论和方法体系。我国在 20 世纪 80 年代引进流域景观特征形成一个新的科研领域。随着国家越来越重视对水环境的保护,许多学者从景观组成、景观格局和景观强度的角度研究区域景观特征对河流水质产生的直接或间接影响。

1.2.1.1 景观组成对河流水质的影响

　　景观组成作为影响河流水质的主要因素之一,通过改变水体营养盐在地表径流的过程,从而对水质产生影响(Brogna et al.,2017;Dai et al.,2017)。国内外学者对景观组成与河流水质的关系进行了大量研究,认为耕地和建设用地等景观是河流水质面源污染的主要来源,并且都对自然景观具有一定的干扰性(Camara et al.,2019;梁旭 等,2021;朱康文 等,2021;谭志卫 等,2021);而林地则是主要的"汇"景观,对河流水质有良好的净化作用(Brogna et al.,2018;Fernandes et al.,2014;李吉平 等,2019)。另外一些景观类型如水域、草地和未利用地等受人类活动干扰程度较小,但对河流水质的影响在不同区域有着较大差异(彭嘉玉 等,2022;周石松 等,2023;陈清飞 等,2023)。

1.2.1.2 景观格局对河流水质的影响

　　景观格局指数是景观要素在空间分布特征的表达。流域景观的空间分布与地表径流、营养物质循环等水文过程密切相关,对进入河流的污染物的种类、数量及迁移转化过程也有一定的影响。因景观格局的整体特征在单一的时空维度无法被更好地揭示分析,故现有研究将景观格局与时间、空间相结合,深入分析景观格局对河流水质的影响。朱珍香等(2019)分析厦门市后溪 2013—2017 年丰水期和枯水期的水质时空变化特征,探讨该流域景观特征与河流水质变化的响应关系,研究发现土地利用组成、空间配置、景观距离、高程和坡度对河流水质均有较大影响,景观组成对叶绿素 a 的影响较大,而景观指数则对总氮(TN)和总磷(TP)的影响较大,斑块密度(PD)对各水质参数具有较大影响,耕地和建设用地是影响河流水质的主要景观类型。王晨茜等(2022)以珠江流域为例,发现从上游到下游人类活动干扰加剧,景观异质性与复杂度增强,香农均匀度指数(SHEI)、边缘密(ED)与河流水质呈显著负相关。张志敏等(2022)研究发现散布与并列指数(IJI)是电导率、硫酸盐和亚硝酸盐氮浓度的最重要影响因子,而SHEI对硫化物和总悬浮物浓度的影响最大,并且景观格局对丰水期水质的影响更大。Xu 等(2021)针对袁河流域开展了研究,发现农田、PD、散布与并列指数是影响水体营养盐变化的主要指标,林地、建设用地、平均最近邻体距离和最大斑块指数(LPI)的组合是影响重金属变化的主要指标,并且景观组成和景观格局之间的综合效应是影响河流水质的主要因素。李昆等(2020)以洪湖作为研究对象,指出 LPI、PD 等对水质的影响程度大于 SHEI。

1.2.1.3 景观强度对河流水质的影响

　　景观强度通常使用指数来表示,其中使用较多的有景观开发强度指数(LDI)、归一化植被指数(NDVI)和归一化建筑指数(NDBI)等。王亚楠等(2019)为量化城市群的人类景观开发强度,选取闽三角城市群作为研究对象,基于人类活动对自然生态系统的干扰程度进行空间展示与分析,得出 LDI 在空间分布上自内陆至沿海干扰等级逐渐上升;LDI 在时间分布上,呈现出强度干扰和剧烈干扰逐渐增大的趋势。蔡宏等(2018)以赤水河流域中上游为研究区,分析得出 LDI 与各水质污染指标之间呈现显著而稳定的正相关性,相关系数最高达0.960,它比单个景观对水质指标更具解释能力。Chu 等(2013)分析 2001—2010 年台湾地区曾文水库流域的 NDVI,探讨了 NDVI 与观测水质之间的关系,得出水库缓冲区的 NDVI 数据变化解释了水库水质的长期变化,3 km 缓冲区的硝态氮浓度与平均 NDVI 呈正相关,固体悬浮颗粒物浓度与整个流域平均 NDVI 呈负相关。Feng 等(2023)系统地探讨了辽河流域 NDVI 与水质指数之间的关系,得出植被覆盖度高时,对有机、无机污染物和养分的保留潜力在一定程度上改善了水质。Torres-Bejarano 等(2023)通过 Landsat8 影像计算 El Guájaro 水库的 NDVI、归一化差异湿度指数和土地覆盖分类,得出 NDVI 与温度、溶解氧、pH 值、一般植被、城市地区、裸土、NO_3 和 PO_4 呈显著相关性。Sajjad 等(2022)和 Jat Baloch 等(2022)分别调查巴基斯坦费萨拉巴德地区 2000—2015 年和巴基斯坦萨戈达地区 2015—2021 年期间的 NDVI 和 NDBI 与水质的关系,二者均发现随着 NDVI 指数下降和NDBI 指数快速上升,水质急剧恶化。

1.2.1.4　不同的空间尺度对水质响应关系的影响

众多研究表明,不管在河岸缓冲区尺度还是子流域尺度上,景观特征要素均是区域水质的重要影响源。不同之处在于,子流域尺度更注重于表示污染物在水质采样点所在自然流域范围内的迁移情况,而缓冲区尺度则通过量化不同景观组成对河流水质的影响范围和影响程度,从空间上分析各景观特征要素类型与河流的距离对水质的影响(蔡宏 等,2018;Zhang et al.,2011;吉冬青 等,2015)。

综上所述,前人的研究结果已表明景观特征对河流水质有重要影响,但是各种因素的作用方向和强度在不同的研究结果中却有很大的差异,需要在更广泛的地区针对所存在的问题展开更多的研究,为更深入地理解二者之间的关系机制奠定基础。另外,在坡降大、地形起伏频繁、景观高度异质的区域,景观特征与河流水质的关系变得更为复杂,阻碍该地区水环境治理与水生态修复,需要对此进行更深入的探讨。

1.2.2　环境因素对河流水质的影响

河流水质容易受到多种景观特征和外在环境因素的综合影响与作用,污染物进入水体前会在地表迁移、转化过程中受到自然因素(气温、降水、地形等)和社会经济因素(人口密度、人均 GDP 等)的影响。

(1)自然环境因素是区域水环境质量变化的重要因素

在自然界中,温度、降水和地形直接影响地表径流,从而影响氮和磷等污染物进入河流。Shrestha 等(2018)设置了 5 种未来气候情景和 2 种未来土地利用情景,以此探究在未来气候条件和土地利用条件下 Songkhram 河流域径流量和水质的变化情况,发现气候变化对流域径流和水质的影响显著。Rickert(2019)详细报告了气候变化对水质的严重影响,气候变化的各个方面已被纳入世界不同地区的水安全计划。McGregor(2019)论述了气候在推进河流变化方面的作用,包括气候如何影响河流流量,驱动流域内水文变化的气候机制等。Hou 等(2020)以西南岩溶流域为研究区,发现影响河流总径流量、地表径流和地下水的3 个主要因素是景观破碎化、土地利用类型和降水。

地形因子不仅直接影响水质,而且可以通过影响景观间接影响河流水质。地形因子的变化直接或间接地改变了地表物质和能量的相互转化,从而影响流域的水质,导致不同地形起伏地区具有一定的规律性(Lin et al.,2018;Estoque et al.,2018;Suhail et al.,2020)。利用流域内景观格局,结合地形和气候因子,研究不同地形起伏地区的河流水质变化规律是生态学研究的一个新方向。

(2) 社会经济因素和水质之间存在复杂的关系

城镇化发展下的人口密度和人均 GDP 都呈现出增长趋势,人们在生活生产中不可避免地导致了污染物的过度排放,以生活污水、农业和养殖业生产排放为主导,造成河流水质的污染。Lin 等(2013)通过环境库兹涅茨曲线发现许多重要水污染物的未经处理排放量随着人均收入的增加而增加,在达到一定程度后由于对废水处理和其他措施的投资而下降。也有研究指出,经济发展与废水排放量之间存在更复杂的"波动"关系(Zhang et al.,2015)。Wang 等(2018)通过研究我国的 12 个水系,得出影响营养污染物年平均值的前 3 个因素是人口密度、地形和降水量,而影响有机污染物年平均值的前 3 个因素是人口密度、温度和子流域,且人为因素对地表水质量的影响是自然因素的 2～3 倍。Duan 等(2022)采用 CCME-WQI 水质指数对我国整体地表水质进行了评价,发现建筑用地的比例是影响地表水生环境质量最重要的因素,经济发展水平、耕地占比和社会发展程度也是重要的影响因素。

综上所述,环境因素中的自然因素(温度、降水、地形等)和社会经济因素(人口密度、人均 GDP 等)均对河流水质有一定的影响,但环境因素通过景观特征对河流水质的影响及影响程度随不同地区的变化还需进一步研究。

1.2.3 流域生态环境变化遥感研究进展

生态环境变化是指随时间推移生态环境各种自然力量或作用发生变化的过程。在特定空间内,如果生态环境中的某一要素发生重大变化,必将会影响整个系统的结构和功能,也会在一定程度上影响人类和生物的生存、发展。

遥感技术能提供不同空间、时间和光谱分辨率的数据源,解决了流域生态环境信息提取的难题,同时它所独具的快速、准确、宏观的特点,使其成为研究流域生态环境变化的最佳数据源;结合地理信息系统强大的空间数据处理、分析功能和适当的地理模型即可准确且高效地分析流域生态环境的现状和动态变化趋势。

流域生态环境变化遥感研究可概括为以下几个主要方向。

① 土地利用/覆盖变化研究,通过对土地利用/覆盖变化信息的提取可以最直观地揭示区域生态环境的变化情况,因此对其的研究受到相关领域研究人员的广泛重视。各种中高分辨率遥感影像、航测影像等为此类研究提供了多样的基础数据支持。

② 植被变化研究,通过遥感技术可提取各类植被指数、植被覆盖度、植被类型,并能通过与相关生态学模型的结合模拟植被生产力。已有众多学者在植被变化方面开展了研究,如提取植被类型(赵静 等,2011)、植被指数和植被覆盖度(蔡宏 等,2014)、森林郁闭度(郑冬梅 等,2013)等。

③ 水土安全研究,主要包括流域内的水土流失、土壤侵蚀、非点源污染评估和水质监测等内容(卜兆宏 等,2003;周巧稚 等,2022;Getachew et al.,2021;冯爱萍 等,2022)。在水土安全变化研究中,遥感技术不仅提供了植被覆盖类型定性数据以及植被覆盖度、植被指数等定量数据,而且能将提取的数据与水土评估模型综合应用。遥感技术已成为水土安全研究的基础方法,为揭示流域水土安全时空异质性变化提供了可靠途径。

④ 生态系统质量研究,包括流域生态环境质量评价、生态环境脆弱性评价、生态环境综合评价、生态安全评估、生态风险评价、地质灾害风险评估等。易武英等(2013)以乌江流域贵州省境内 41 个地区为研究区,运用 TM 数据获取景观格局信息并构建生态环境质量评价指标体系,通过采用熵权法结合 GIS 图形叠置法,对研究区生态环境质量状况进行评价,并划分等级。徐涵秋(2013)基于遥感信息技术提出一个耦合了绿度、湿度、温度和干度等四大生态要素的新型遥感生态指数。与常用的多指标加权集成法不同的是,该研究用主成分变换来集成各个指标,各指标对遥感生态指数的影响是根据数据本身的性质来决定的,而不是由人为加权来决定的。李冠稳等(2021)基于长时间序列中分辨率成像光谱仪(MODIS)数据,提取能够反映生态系统质量的归一化植被指数(NDVI)、叶面积指数(LAI)、表层水分含量指数(SWCI)和陆地表面温度(LST)4 个关键指标构建遥感综合生态环境指数(RSEI),结合 Sen＋Mann-Kendall 检验,分析黄河流域 2000—2018 年生态系统质量变化情况及变化趋势,发现近年来黄河流域生态系统质量存在局部改善与退化并存的现象。

与其他生态环境质量的综合表达方法相比,遥感综合生态环境指数最大限度地剔除了主观因素的影响,并且在保证准确度的情况下,该方法更高效,数据也更易获取。但现有研究对于 RSEI 的建立都是在非喀斯特区域,而喀斯特地区的岩石裸露和喀斯特石漠化对区域综合环境质量有着重要的影响。喀斯特地貌地区约占全球陆地面积的 15%,是地球上最脆弱的生态系统之一,研究区恰好处于中国西南岩溶区,需要对 RSEI 中的相关参数进行重新定义和解释。

1.2.4 水质对景观特征/生态环境变化响应的时空模拟

水质污染物按来源可分为点源污染和非点源污染两类。对于点源污染,各个国家和地区均采取制定相关法规等措施实施控制。非点源污染是指污染物从非特定的地点,在降水的冲刷作用下,通过地表径流而汇入受纳水体,并引起水体的富营养化或其他形式的污染。在点源污染得到逐步控制后,非点源污以其随机性、广泛性、滞后性、不确定性及潜伏性等特点,成为当前水体污染物的最主要来源(陈强 等,2011)。由于景观特征和生态环境的变化对非点源污染的影响十分显著,因此从景观特征和生态环境变化入手来进行非点源污染的防治是非常有效的一种措施。很多学者分别在不同研究条件和不同研究尺度下,用不同的方法实践水质对景观/生态环境变化响应的时空模拟。

模拟方法有机理模型和数理统计模型。常见的机理模型有 SWAT、HSPF、AGNPS、SPARROW 等,其中 SWAT 模型应用最广泛(侯文娟 等,2018;Long et al.,2018;刘家威 等,2022;郑婷婷 等,2023;刘伟 等,2023),这些基于生态水文过程的模型机理性强,模型结构较为复杂,适用尺度及侧重的水文过程有差异,并且需要大量基础空间数据和长时间序列的监测数据,在缺乏数据的流域其模拟过程会受到限制。而时间尺度较短的监测研究多结合灰色理论、多元回归分析、分形方法及人工神经网络、遗传算法等现代数学方法建立模型探讨景观与水体污染的关系,虽然数理统计模型多为黑箱模型,不能体现对水质起至关重要作用的水文过程,也不能解释其内部的发生机理,但因其参数需求少、模拟预测效果也比较好而被广泛应用(赵鹏 等,2012;刘丽娟 等,2011;Thomas et al.,2013;林国敏,2019;康文华 等,2020;徐明珠 等,2023)。

1.2.5 岩溶地区景观对水质的影响研究

诸多学者对岩溶地区地表景观与河流水质的关系展开了研究,李阳兵(2010)把耕地、园地和居民区作为"源"景观,并将各采样点"源"景观面积占其总面积的百分比与各采样点的径流各次采样氮、磷含量的平均值进行回归分析,结果显示水质与"源"景观面积百分比的回归关系不明显,说明喀斯特小流域中复杂的景观结构对氮、磷存在截留作用。刘方等(2007)先后对贵州中部森林覆盖下的地表径流和浅层地下水采样,分析发现喀斯特森林群落的退化和基岩裸露率的增加,会加剧水生态环境退化的强度和速度;且随着植被由阔叶林向灌木林、灌草植被方向的演替,地下水中硫酸根离子、钾离子及氨氮含量明显增加。苏跃等(2008)针对喀斯特山区的相关研究表明,土地利用类型从林地变为耕地后,水质会出现一定程度下降。Jiang 等(2010)对云南南洞岩溶地下河水质影响因素的研究表明,与地质因素相比农业活动才是导致地下河水水质退化的最重要的因素。黄旋等(2013)对桂林城区岩溶地下水硝酸盐污染的研究表明,生活污水是地下水硝酸盐的主要来源,且污染的分布趋势与城区的扩展方向具有明显一致性。贾亚男等(2004)通过对比研究岩溶水质变化与土地利用的关系,发现涪陵丛林岩溶槽谷区水质 1980—2003 年的变化以及水质的空间变异与土地利用有很大的相关性。其中,集约化的农业耕作、炸石填土增加土地面积、利用落水洞排放污水和独特的微型稻田水位控制设施对岩溶水质产生显著影响。土地利用变化是该区水质变化的主要原因,土地利用还会导致岩溶地下水水质下降,并随土地利用强度的增加而恶化,且分布格局与土地利用格局具有高度相关性。郭玉静等(2018)以普者黑岩溶湖泊湿地为研究对象,通过划定湖泊湿地湖滨带缓冲区域,运用秩相关分析和冗余分析研究湖滨带景观格局对普者黑岩溶湖泊湿地水质的影响。结果表明,景观格局在不同缓冲区尺度对岩溶湿地的水质具有不同的效应,蔓延度指数、斑块结合度指数、香农均匀度指数对岩溶湿地水质的影响较大。赖格英等(2018)针对岩溶水系统特征对 SWAT 模型进行修正,效果令人满意,模拟结果表明岩溶特征对流域的氮、磷负荷有增加作用。

1.2.6 岩溶流域 SWAT 模型研究进展

近年来,随着计算机及卫星遥感技术的发展,融合 3S 技术的分布式水文模型成为学者研究水文循环的新方向。结合 GIS 技术的分布式水文模型,一方面能够利用 GIS 的空间分析功能提取 DEM 空间信息划分流域将研究区域离散化,另一方面可以将不同的下垫面因素叠加,使之空间结构及流域参数更加具体化。从全球来看,最受欢迎的分布式水文模型是由美国农业部研发的 SWAT 模型,该模型充分地考虑了流域内气象水文、土壤质地、地形地貌等自然地理要素,并且还加入了农业管理模块,可以模拟作物生长、植物施肥等一系列因素,使分布式水文模型得到全面发展。随着点源污染得到有效治理和控制,非点源污染引起的水体污染问题日益突出。利用 SWAT 模型对非点源污染进行定量化模拟是最直接有效的途径,因此国内外大量学者对 SWAT 模型进行模拟研究。但 SWAT 模型的构建基础是松散介质,用来模拟岩溶地区的非点源污染过程时会存在不足和局限。

岩溶含水系统是一个复杂的地表地下动态系统,原始的 SWAT 模型难以描述喀斯特地区的水循环过程,很多学者针对岩溶流域不同特性修改 SWAT 模型相关算法,使其更适用于岩溶地区。Jakada 等(2020)提出了一种基于实地调查和示踪实验的方法,运用 SWAT 模型模拟喀斯特流域径流,结果表明以野外调查数据为基础的喀斯特地区建模方法有助于确定流域表面和地下水边界。Nguyen 等(2020)用两个概念模型模拟喀斯特地区和非喀斯特地区的水文过程,提出了一种反映岩溶地区补给、渗透、储存和排泄的二元性的双线性储层模型,将修正后的 SWAT 模型应用于德国哈尔茨山脉西南部以喀斯特为主的地区,结果表明修正后的模型能较好地校正和验证流量和实际蒸散量。Malagò 等(2016)以克里特岛为例对喀斯特地貌的区域尺度进行水文模拟,为了评估实际用水的可持续性,使用硬数据(长时间序列的水流和春季监测站)和软数据(即单个过程的文献信息),开发一种使用 SWAT 模型和 karst-flow 模型(KSWAT、岩溶 SWAT 模型)的方法,用于量化喀斯特地貌的空间和时间上的水文水量平衡。Amin 等(2017)通过评估常规 SWAT 模型和 Topo-SWAT 模型(包含可变源区水文)两种版本的土壤和水资源评估工具(SWAT)在模拟美国宾夕法尼亚州申特县喀斯特泉溪流域水文过程中的稳定期,发现 Topo-SWAT 模型更准确地代表了实测日流量,验证期间纳什效率系数比常规 SWAT 模型有统计学上的显著改善($P=0.05$),且与常规 SWAT 模型不同,Topo-SWAT 模型具有对流域内补给/入渗和产流的空间制图能力,因此选择 Topo-SWAT 模型来预测流域内营养物和泥沙负荷。

国内也有学者针对岩溶地区对 SWAT 模型进行过一定的修正,如郭永丽等(2020)将流域 DEM、土地利用类型和土壤类型的空间数据与地表水系和地下河管道的空间分布特征相结合,划分子流域,并利用坑塘/湿地模块刻画峰丛洼地属性特征,成功构建了地下河流域水文模型。任启伟(2006)通过修改 SWAT 原始模型建立双重尺度的岩溶流域水文模型,考虑水循环的陆面部分和水面部分,采用指数衰减方程刻画表层岩溶带的调蓄过程,在刻画浅层岩溶裂隙网络方面应用线性水库并用马斯京根法概算地下河汇流过程。赖格英等(2018)以岩溶地区的非点源污染模拟为研究对象,针对岩溶系统的非均匀含水介质,引入落水洞、伏流/暗河、岩溶泉的水文过程及非点源污染物输移过程,修正 SWAT 模型原有的水文循环过程及相关算法,定量评估了落水洞、伏流/暗河等岩溶特征对氮、磷等主要非点源污染输移的影响及其带来的时空效应;探讨了落水洞、伏流/暗河等岩溶特征对地表-地下水文与营养盐交互作用及输移机理。袁江等(2021)基于 SWAT 模型设置 6 种石漠化治理措施情景研究喀斯特流域产流特征对石漠化治理措施的响应,对促进喀斯特流域社会经济可持续发展具有一定的参考意义。张程鹏等（2020）以毕节市倒天河流域作为研究区，通过构建研究区分布式水文模型和旱涝评价模式，分析不同变化情景下的水文响应，对于岩溶流域旱涝灾害防治和社会的可持续发展具有重要意义。

1.3　研究方法

1.3.1　SWAT 模型修正

本研究针对岩溶系统的非均匀含水介质，引入落水洞、地下暗河等的水文过程及主要非点源污染物输移过程，修正 SWAT 模型原有的水文循环过程及相关算法。通过遥感影像和数字高程模型（DEM）提取岩溶地表与地下水流向信息、岩溶地貌特征参数，再结合实地水文水质数据采集，对引入岩溶地貌特征参数修正后的 SWAT 模型进行模拟。将原始模型和修正后模型的计算结果进行比较，分析岩溶构造对非点源污染物负荷的影响。模型参数的率定采用 SWAT-CUP软件，参数敏感性测试采用 t-Stat 方法，通过对水文和水质的参数进行敏感性分析，利用 SWAT-CUP 软件对反应敏感的参数做进一步微调率定得到最优参数进行模拟。

1.3.2　Kruskal-Wallis 检验

Kruskal-Wallis 检验（又称 H 检验）实质上是两组独立样本时的 Mann-Whitney U 检验在多个独立样本下的推广，用于检验多个总体的分布是否存在显著差异。使用 Kruskal-Wallis 检验时，需要考虑 3 个假设。① 假设 1：有一个因变量，且因变量为连续变量或有序分类变量；② 假设 2：存在多个分组（≥2 个）；③ 假设 3：具有相互独立的观测值。

Kruskal-Wallis 检验通过将多组样本数混合并按升序排序，求出各变量值的秩，然后检验各组秩的均值是否存在显著差异，其公式如下：

$$H = \frac{秩的组间平方和}{秩总平方和的平均} = \frac{12}{n(n+1)} \sum_{i=1}^{k} \frac{R_i^2}{n_i} - 3(n+1) \qquad (1-1)$$

式中，k 为样本组数；n 为总样本量；n_i 为第 i 组的样本量；R_i 为第 i 组样本中的秩总和。

通过秩和检验中的 H 和 P 判断两组数据有无显著差异。如果各组秩的均值不存在显著差异，则认为多组数据充分混合，各组数值相差不大，可以认为多个总体的分布无显著差异；反之，如果各组秩的均值存在显著差异，则是多组数据无法混合，有些组的数值普遍偏大，有些组的数值普遍偏小，可认为多个总体的分布存在显著差异，至少有一个样本不同于其他样本。

1.3.3　皮尔逊相关性分析

皮尔逊相关系数又称积差相关系数,是一种用来表示两个变量变化的相似程度的统计量,其定义为两个变量之间的协方差和标准差之间的商。相关系数为正,则表示两个变量正相关;相关系数为负,则表示两个变量负相关。相关系数的取值为 -1 到 1,绝对值越大,则两个变量变化的相似程度越大,相关性越强。本研究基于 SPSS 软件完成水质参数与各景观特征的相关性分析,计算公式为:

$$r = \frac{\sum_{i=1}^{n}(X_i - \overline{X})(Y_i - \overline{Y})}{\sqrt{\sum_{i=1}^{n}(X_i - \overline{X})^2}\sqrt{\sum_{i=1}^{n}(Y_i - \overline{Y})^2}} \tag{1-2}$$

式中,r 为变量 X 与 Y 之间的相关性系数;$i = 1, 2, \cdots, n$,n 为样本总数;$\overline{X}$ 和 $\overline{Y}$ 分别为变量 X 和变量 Y 的平均值。

1.3.4　内梅罗污染指数

内梅罗污染指数(I_P)由美国学者内梅罗提出,是一种兼顾极值或称突出最大值的计权型多因子环境质量指数。内梅罗污染指数法认为在分析污染控制问题的区域利益方面,必须考虑该区域水的一切用途,算出总的水污染指数 I_P。该指数两个明显特点是兼顾考虑 C_i/C_{oi} 的最高值和平均值以及不同类型的水用途对整个评价区域水体的影响。根据所选水质参数的实测浓度和标准值,计算内梅罗污染指数,与相应的等级标准指数相对照即可得到评价等级。计算中将Ⅲ类水的标准值作为基准,评价等级计算公式为:

$$I_i = \frac{C_i}{C_{oi}} \tag{1-3}$$

$$\overline{I} = \frac{1}{n}\sum_{i=1}^{n} I_i \tag{1-4}$$

$$I_P = \sqrt{\frac{I_{i,\max}^2 + \overline{I}^2}{2}} \tag{1-5}$$

式中,I_i 为评价因子的污染指数;$\overline{I}$ 为 n 个评价因子的污染指数平均值;I_P 为内梅罗污染指数;$I_{i,\max}$ 为所有污染评价因子中污染指数的最大值;C_i 为第 i 个评估因子的测量值;C_{oi} 为第 i 个评价因子的水质标准值,本研究选用《地表水环境质量标准》(GB 3838—2002)中的Ⅲ类标准。内梅罗污染指数等级如表 1-1 所示。

表 1-1　内梅罗污染指数等级

污染等级	内梅罗污染指数	污染程度
1	$I_P \leqslant 1$	清洁
2	$1 < I_P \leqslant 2$	轻度污染
3	$2 < I_P \leqslant 3$	中度污染
4	$3 < I_P \leqslant 5$	重度污染
5	$I_P > 5$	严重污染

1.3.5　地理探测器方法

地理探测器方法是一种统计方法,包括因子探测、交互探测、生态探测和风险探测。它已广泛应用于许多学科,用于探测地理现象的空间分异特征并揭示其影响。本研究通过地理探测器因子探测工具来衡量各个驱动因素(自变量 X)对河流水质(因变量 Y)空间差异性的解释能力,再通过交互探测呈现各个驱动因素与其他因素的交互作用下对河流水质的影响。

地理探测器方法用于比较水质与存在潜在影响因素的地理层(例如气候因素、社会经济因素、景观指标等)的空间一致性。每个地理因素被划分为不同的阶层,不同的地层具有不同的属性值。该方法的基本假设为:如果一个因素主导了水质的成因,则水质将呈现出与地理因素相似的空间分布(Wang et al.,2016)。空间分层异质性是指地理层的层内方差小于层间方差的地理现象。地理探测器的单因子探测可以探索河流水质的空间分层异质性,并检测不同水质影响因子的河流水质空间分层异质程度,公式如下:

$$q = 1 - \frac{\sum_{h=1}^{L} N_h \sigma_n^2}{N \sigma^2} \tag{1-6}$$

式中,河流水质由 N 个单元组成,分为 $h = 1, 2, \cdots, L$ 层;N_h 为层 h 的单元数;σ^2 和 σ_h^2 分别表示单个和阶层的方差。q 统计量的值在$[0,1]$范围内。当 q 值接近 1 时,σ_h^2 的值接近 0,这意味着该驱动因素与河流水质具有相同的分布,即该驱动因素对河流水质有最大的解释力。

地理探测器中的交互探测器可用于分析两个或多个因素相互作用对河流水质的影响。交互探测器识别不同驱动因素之间的交互作用,即评估因子 X_1 和 X_2 共同作用时对因变量 Y 的解释力是增加、减弱或既不增强也不减弱(独立),两因子间的交互作用结果如表 1-2 所示。$q(X_1 \bigcap X_2)$ 表示 X_1 和 X_2 这两个驱动因素交互作用对河流水质的解释力。根据 $q(X_1 \bigcap X_2)$ 和 $q(X_1)$、$q(X_2)$ 的大小关系可以将这两个驱动因素交互作用对河流水质的影响分为非线性减弱、减弱、二元增强、独立和非线性增强。

表 1-2　两因子间交互作用的定义

类型	交互作用
$q(X_1 \bigcap X_2) < \mathrm{Min}(q(X_1), q(X_2))$	非线性减弱
$\mathrm{Min}(q(X_1), q(X_2)) < q(X_1 \bigcap X_2) < \mathrm{Max}(q(X_1), q(X_2))$	减弱
$q(X_1 \bigcap X_2) > \mathrm{Max}(q(X_1), q(X_2))$	二元增强
$q(X_1 \bigcap X_2) = q(X_1) + q(X_2)$	独立
$q(X_1 \bigcap X_2) > q(X_1) + q(X_2)$	非线性增强

地理探测器方法首先需要收集与整理数据,包括因变量 Y 和自变量数据 X。自变量应为类型量;如果自变量为数值量,则需要使用 K-means 分类算法进行离散化处理。然后需要将样本 (Y, X) 进行计算,结果主要包括 4 个部分:因子探测,自变量对因变量的解释力;交互探测,自变量对因变量影响的交互作用;风险探测,比较两个区域因变量均值是否有显著差异;生态探测,不同自变量对因变量的影响是否有显著差异。

1.3.6　多元线性回归模型

基于最小二乘法的多元线性回归模型,建立水质指标和各生态环境要素间的响应关系,模型的表达形式如下:

$$Y = C + b_1 X_1 + b_2 X_2 + \cdots + b_n X_n \tag{1-7}$$

式中,Y 代表各种水质指标的浓度值;$X_1, X_2, \cdots, X_n$ 分别代表不同类型和不同等级的生态环境因子在子流域中面积百分比;$b_1, b_2, \cdots, b_n$ 为影响系数;C 为常数项;n 为生态环境因子的种类数。

以不同类型和不同等级的生态环境因子在各自子流域中所占的比例作为预测变量,以各断面水质指标作为因变量,构建水质对生态环境因子的多元线性回归模型。在得到参数的估计值后,为了确定模型是否可以应用,需要进行必要的检验与评价。建模和模型检验与评价步骤如下。

① 预测变量确定。线性回归分析法是以相关性原理为基础的,要先通过相关性分析确定与各水质指标显著相关的生态环境因子作为对应的预测变量。

② 多元线性回归模型的参数估计。在 SPSS 16.0 软件中选择使用逐步回归(stepwise regression)法的多元线性回归分析。将变量逐个引入,引入的条件是该变量的 F 检验是显著的,即 F 值的 sig.<0.05,同时每引入一个新变量后又重新对老变量逐个进行检验,将变得不显著的变量从模型中剔除。

③ 实际意义检验。关于水质的数学模型,若参数估计值的符号或大小与生态环境的实际判别不符合时,所估计的模型就不具有实际意义。

④ 统计检验。统计检验是模型检验与评价的重要部分,是用数理统计理论检验模型估计值的可靠性。通常包括拟合程度检验、回归方程和回归系数的显著性检验、多重共线性判别(涉及两个以上变量)、方差分布检验。

拟合程度通过拟合系数(R^2)来量度,其意义是表示在被解释变量的总变化中,能被回归方程解释的变化所占的比例,其值越接近 1 说明回归方程对样本数据拟合的程度越高。回归方程的显著性检验通过方差分析构造统计量 F($F =$ 回归均方/残差均方)来进行,根据给定的显著性水平,如果 F 值的 sig.<0.05,则回归方程具有显著意义,回归效果显著,否则回归效果不显著。而回归系数的显著性检验是在回归方程显著的前提下,通过 t($t =$ 偏回归系数/回归系数的标准误差)检验判定回归模型中各系数是否具有显著性,将那些对被预测变量不具有显著影响的因子从方程中剔除。多重共线性判别指当两个或两个以上进入方程的预测变量之间有超过了被预测变量与预测变量的较强线性关系时,会破坏回归模型的稳定性。本书通过共线性诊断中的方差膨胀因子 VIF 和容忍度来判断共线性问题。VIF 值越大,共线性越强,经验表明(肖体琼 等,2014),当 VIF>10 说明预测变量间有严重的多重共线性;容忍度的值为 1 减去该预测变量与其他所有预测变量的决定系数,容忍度越小,共线性问题越严重,如果容忍度小于 0.1 则可能共线性问题很严重。进行回归估计的前提是假设模型残差服从正态分布,故还需要通过方差分布检验来确定构建的模型残差是否服从正态分布。

⑤ 最优方程的确定。经过水环境意义和统计检验后,挑选出的线性回归方程可能有几个,将既符合实际意义又有着较优的统计检验结果的方程作为最终方程。

⑥ 模型的实际值检验。用样本点构建的预测模型能否对样本点以外的其他实际采样点进行有效预测,是检验该模型实际预测精度的有效指标。本研究在建模过程中留取全部采样点数量的 20% 作为建模后的实际值检验点。

在建模过程中发现,有些水质指标与土地结构间所建立的模型在对水质指标取自然对数后因变量和预测变量间的拟合程度更高,模型更有意义。故本研究在建模过程中对所有的水质指标均取自然对数。

1.3.7 BP 神经网络模型

BP 神经网络是一种多层前馈神经网络,该网络的主要特点是信号镶嵌传递,误差反向传播,在前向传递中,输入信号从输入神经隐含层逐层处理,直至输出层,每一层的神经元状态只影响下一层的神经元状态,如果输出层得不到期望输出,则转入反向传播,根据反演误差调整网络权值和阈值,从而使 BP 神经网络反演输出不断逼近期望输出。BP 神经网络属于非线性模型的一种,若自变量之间存在较强线性相关,会导致回归系数不准确,因此需要消除方程的多重共线性问题,去除因子间的共线性。最后选用拟合系数及验证数据的平均绝对误差(mean absolute error,MAE)作为模型模拟精度的评定指标。

1.3.7.1　共线性检测

多重共线性可以用方差膨胀因子(variance inflation factor,VIF)检测,公式为:

$$\text{VIF}_i = \frac{1}{1 - R_i^2} \tag{1-8}$$

式中,R_i^2 表示坡地景观特征与方程中其他坡地景观特征的负相关系数的平方,表明了坡地景观特征之间的线性相关程度。通常,当 $0 < \text{VIF} < 10$ 时,不存在多重共线性;当 $10 \leqslant \text{VIF} \leqslant 100$ 时,存在较强的多重共线性;当 $\text{VIF} > 100$ 时,存在严重的多重共线性。

1.3.7.2　建立 BP 神经网络模型

BP 神经网络的拓扑结构如图 1-1 所示。

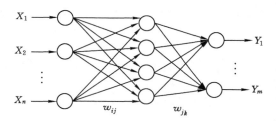

图 1-1　BP 神经网络拓扑结构图

图 1-1 中,$X_2, X_2, \cdots, X_n$ 是 BP 神经网络的输入值;$Y_1, Y_2, \cdots, Y_n$ 是 BP 神经网络的反演值,w_{ij} 和 w_{jk} 为神经网络的权值。

从图 1-1 中可以看出 BP 神经网络是一个非线性关系,网络输入值和模拟值分别为该函数的自变量和因变量,当输入节点为 n、输出节点数为 m 时,BP 神经网络就表达了从 n 个自变量到 m 个因变量的函数映射关系(全志勇,2014)。BP 神经网络反演前首先要训练网络,通过训练使网络具有联想记忆和反演能力。BP 神经网络的训练过程包括以下几个步骤(江辉,2011)。

步骤 1:网络初始化。根据系统输入和输出序列 (X, Y) 确定网络输入层 (n) 的节点数 n、隐含层 (j) 的节点数 l、输出层 (k) 的节点数 m,分别初始化输入层 (i) 与隐含层 (j) 神经元之间的权值 w_{ij} 和隐含层 (j) 与输出层 (k) 神经元之间

的权值 w_{jk}，初始化隐含层 (j) 阈值 a 和输出层 (k) 阈值 b，给定学习速率和神经元激励函数。

步骤 2：隐含层输出计算。根据输入变量 X_i、输入层 (i) 和隐含层 (j) 神经元之间的权值 w_{ij} 和隐含层阈值 a_j，计算隐含层输出 H_j。

$$H_j = f(\sum_{i=1}^{n} w_{ij}X_i - a_j) \quad j = 1, 2, \cdots, l \tag{1-9}$$

式中，n 为输入层 (i) 的节点数；l 为隐含层 (j) 的节点数；f 为隐含层函数。

步骤 3：输出层计算。根据隐含层输出 H_j，隐含层 (j) 与输出层 (k) 神经元之间的权值 w_{ij} 和输出层阈值 b_k，计算 BP 神经网络反演输出 O_k。

$$O_k = \sum_{j=1}^{i} H_j w_{jk} - b_k \quad k = 1, 2, \cdots, m \tag{1-10}$$

步骤 4：计算误差。根据网络反演输出 O_k 和期望输出 Y_k，计算网络反演误差 e_k。

$$e_k = Y_k - O_k \quad k = 1, 2, \cdots, m \tag{1-11}$$

步骤 5：更新权值。根据网络反演误差 e_k 重新选取输入层 (i) 与隐含层 (j) 神经元之间的权值 w_{ij} 和隐含层 (j) 与输出层 (k) 神经元之间的权值 w_{jk}。

$$w'_{ij} = w_{ij} + \mu H_j(1 - H_j)x(i)\sum_{k=1}^{m} w_{jk}e_k \quad i = 1, 2, \cdots, n; j = 1, 2, \cdots, l \tag{1-12}$$

$$w'_{jk} = w_{ij} + \mu H_j e_k \quad j = 1, 2, \cdots, l; k = 1, 2, \cdots, m \tag{1-13}$$

式中，μ 为学习速率。

步骤 6：更新阈值。根据网络反演误差 e_k 更新隐含层 (j) 与输出层 (k) 阈值 a_j 和 b_k。

$$a'_j = a_j + \mu H_j(1 - H_j)\sum_{k=1}^{m} w_{jk}e_k \quad j = 1, 2, \cdots, l \tag{1-14}$$

$$b'_k = b_k + e_k \quad k = 1, 2, \cdots, m \tag{1-15}$$

步骤 7：判断算法迭代是否结束，若没有结束，返回步骤 2。

1.3.7.3　模型精度评估

拟合优度是指回归方程对观测值的拟合程度，即检验样本数据聚集在回归曲线周围的密度。本研究使用 R^2 度量拟合优度，R^2 值越接近 1，说明模型对观测值的拟合程度越好，模型拟合程度评定标准如表 1-3 所示，公式如下：

$$R^2 = 1 - \frac{\sum_{i=1}^{n}(y_i - \hat{y}_i)^2}{\sum_{i=1}^{n}(y_i - \bar{y}_i)^2} \tag{1-16}$$

式中，y_i 表示第 i 个测试样本的实测值；$\hat{y}_i$ 表示第 i 个样本的模拟值；$\bar{y}_i$ 表示第 i 个样本的平均值。

表 1-3　模型拟合程度评定标准

R^2	精度等级
$0.75 < R^2 \leqslant 1$	优
$0.6 < R^2 \leqslant 0.75$	良
$0.45 < R^2 \leqslant 0.6$	中
$R^2 \leqslant 0.45$	差

采用预留验证点 MAE 来检验模型模拟值的误差，MAE 值为每个验证点的实测值减去模拟值的差的绝对值累积求和后取平均，MAE 的值越小，模型的反演结果越好。平均绝对误差的计算公式如下：

$$\mathrm{MAE} = \frac{1}{n} \sum_{i=1}^{n} \mid y_i - \hat{y}_i \mid \tag{1-17}$$

式中，y_i 表示第 i 个测试样本的实测值；$\hat{y}_i$ 表示第 i 个样本的模拟值；n 代表样本点的数目。

1.4　本书内容安排

本书共分为如下五个章节。

第 1 章为绪论。主要介绍研究意义、国内外研究现状和研究方法。

第 2 章为研究区概况与基础数据获取。主要介绍本书三个研究区的基本情况、水质数据的获取与处理、相关遥感数据的获取与预处理。

第 3 章为基于修正 SWAT 模型的喀斯特地区非点源污染模拟。该章从岩溶地貌特征的角度出发，结合 RS、GIS、SWAT 模型、NCC/GU-WG，以赤水河流域最大支流桐梓河流域为研究区，引入落水洞、地下暗河等水文过程及非点源污染物输移过程，在 SWAT 模型开源代码的基础上修正原有的水文循环过程及相关算法，结合实地水文水质数据，以岩溶地区的非点源污染模拟为研究对象，建立适合岩溶流域的非点源污染模型；应用修正的 SWAT 模型，研究土地利用变化和气候变化对岩溶地区非点源污染负荷的影响，并基于 NCC/GU-WG 天气发生器预测未来气候变化情景下的非点源污染负荷变化趋势。

第 4 章为生态环境变化对河流水质的影响。贵州茅台酒与法国白兰地及苏格兰威士忌并称世界三大名酒，在国内外享有盛誉，至今已有 1 000 多年的历史,是我国大曲酱香型白酒的鼻祖和典型代表。茅台酒是仁怀市乃至贵州省的经济支柱,发展潜力和经济比重都非常大。该章以赤水河流域中上游茅台酒水源地的生态环境和水质为研究对象,综合利用野外实地采样数据、遥感和GIS的技术方法、多元统计分析建模工具,在提取1988年、2001年和2013年3个时相研究区各生态环境因子并构建适用于典型喀斯特地区的遥感综合生态环境指数(RSEI)的基础上,研究区内各生态环境因子与各水质指标之间的相关关系,建立各水质指标对生态环境要素的响应模型,并基于此计算该区1988—2013年生态环境变化导致的各水质指标的变化量。

第5章为坡地景观对河流水质影响的时空差异研究。该章以赤水河流域为研究对象,采用野外采样测试、子区划分、相关性分析、地理探测器和BP神经网络模型的方法,结合水质、遥感影像、土地利用、相关环境因素等数据,定量研究流域内不同地形起伏地区的水质差异及环境因素驱动下景观特征对水质的影响;得到赤水河流域坡地景观特征对河流水质影响的时空差异;建立更适合该流域地形地貌特征的"坡地景观-水质"响应模型;实现不同时空河流水质的模拟和预测。

第2章 研究区概况与基础数据获取

2.1 研究区概况

2.1.1 赤水河流域

2.1.1.1 自然环境概况

赤水河位于中国西南部,是长江上游最重要的支流之一,干流全长约为436.5 km,流域总面积约 20 000 km²。赤水河流域地处云贵高原向四川盆地过渡的斜坡地带,如图 2-1 所示,河流发源于云南省镇雄县,沿川黔边界流至贵州省茅台镇后,纳桐梓河、古蔺河至赤水市,至四川省合江县与习水河相汇合后注入长江。河流流经云南、贵州和四川 3 省的 4 个地区级和 13 个县级行政单位,主要包括云南省昭通地区的镇雄县、威信县;贵州省毕节市下辖的七星关区(原毕节市)、大方县、金沙县;遵义市下辖的仁怀市、习水县、桐梓县、播州区(原遵义县)、赤水市;四川省泸州市下辖的古蔺县、叙永县、合江县等县(市)的全部或部分。部分支流流经贵州省遵义市下辖的红花岗区、绥阳县以及四川省泸州市下辖的纳溪区、泸县以及重庆市下辖的綦江区。赤水河流域有其独特的地理环境,流经云贵高原,最高海拔为 2 487 m,最低海拔为 192 m。流域内喀斯特地貌发育良好,有较多的地下暗河、落水洞和峰丛洼地,形成了高山、丘陵、深谷等复杂地貌,地形起伏较大。在喀斯特地区,土壤层较薄,且土壤直接覆盖于岩石之上,黏着力差,在雨水和径流的冲刷下,极易造成水土流失,这些原因大大降低了赤水河流域生态系统的稳定性。流域河道几乎完全穿梭于大山之间,流域内地形起伏大,河谷幽深且河道两岸极为陡峭。

2.1.1.2 气候及水文特征概况

赤水河干流茅台镇以上为上游,茅台镇至丙安镇为中游,丙安镇以下为下游。东南岸支流较大,主要支流有 14 条(包括一、二级支流),发源于大娄山东南麓。西北岸有 7 条大的支流(包括一、二级支流)。全水系流域面积大于1 000 km² 的支流有桐梓河、习水河、二道河、大同河、古蔺河。干流总长436.5 km,其中,赤水河河源至茅台镇为上游河段,河段长 224.7 km;茅台镇至赤水市为中游

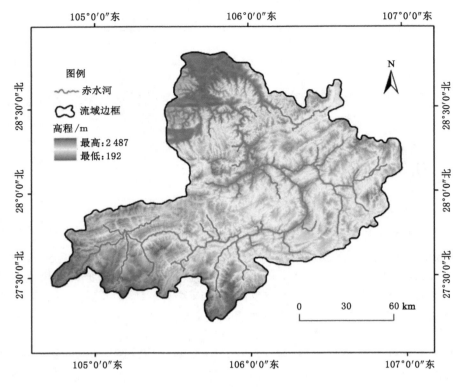

图 2-1　赤水河流域位置图

河段,河段长 157.8 km;赤水市以下至河口为下游河段,河段长 54.0 km。城内总落差为 1 475 m,平均比降为 0.34‰。

　　赤水河流域属于中亚热带-南亚热带湿润气候区,上游多数地区属于暖温带季风气候区,下游为中亚热带湿润季风气候区。流域内冬季寒冷干燥,年最低气温为-5 ℃;夏季炎热潮湿,年最高气温为 39 ℃,全年气温较高,平均气温为20~25 ℃。流域内降水较为丰富,年降水量为 600~1 000 mm,但年内分布不均匀。夏季降水多,月降水量最大可达 250 mm,占全年降水量的 70%;冬季降水少,月降水量最小仅 8 mm。受降水影响,流域径流量的年内分配不均匀性极为显著,丰水期通常为 6 月至 9 月,枯水期为 11 月至次年 2 月。流域内降水除了在时间上不均匀性显著,在空间上不同子流域之间年均降水量差异也较为明显,年均降水量最大的子流域与年均降水量最小的子流域降水量差距可达320 mm。赤水市宝源站(1965 年)年降水量为 1 643.6 mm,是流域内年最大降水量记录;干流毕节县赤水河站(1960 年)年降水量仅 534.8 mm,是流域内年最小降水量记录。赤水河上源云南省镇雄县洛甸河水文站多年平均年径流量为4.05亿 m³,最小年份(1987年)的年径流量只有2.16亿 m³,中段贵州省仁怀县茅台水文站多年平均年径流量为34.6亿 m³,最大支流牛渡河(桐梓河)二郎坝站多年平均年径流量为16.0亿 m³,出口控制站赤水市赤水水文站多年平均年径流量为81.8亿 m³,最大年径流量为142亿 m³(1954年),最小年径流量为49.4亿 m³(1963年)。赤水河多年平均年侵蚀模数为870 t/km²,年输沙量为718万 t,含沙量为0.927 kg/m³,因夏季河水赤红而称"赤水河"(康文华,2019)。

2.1.1.3　社会经济概况

赤水河流域各县的经济发展与其自然环境息息相关。赤水河流域所处区域几乎完全属于高原山区,所涉行政区包括贵州省的毕节市、大方县、金沙县、仁怀市、桐梓县、习水县、赤水市,四川省的叙永县、古蔺县、合江县、云南省的镇雄县、威信县。但是这些县(市)的主要聚居区大都不在赤水河流域范围内,使得赤水河流域的建设用地占比并不高,且分布广而散,多为山区乡镇和村落。

赤水河上游区域经济相对落后,生态环境脆弱,森林覆盖率相对较低,以农业生产为主。因此,上游农业用地面积所占比例较高,接近流域面积的35%,主要粮食作物包括水稻、小麦、玉米以及高粱,其他经济作物有油菜籽、烤烟、茶叶、水果等。由于地形和土壤等原因,农业生产的整体水平均低于全国平均水平。赤水河中游是两个国际知名白酒品牌的水源地,它们对水质有严格要求。赤水河下游生态环境相对较好,旅游业十分发达。该流域位于长江上游的珍稀独特鱼类国家级自然保护区。流域内区县工业基础薄弱,除茅台酒厂、习水酒厂、郎酒厂、华一造纸厂等几个大中型企业外,绝大多数为县办和乡镇办企业,产业结构以酿酒、化工、采掘、造纸为主,其中酿酒为优势产业。

2.1.2　桐梓河流域

2.1.2.1　自然环境概况

桐梓河位于贵州省遵义市,是赤水河中段一级支流,也是赤水河流域最大的支流。桐梓河发源地位于桐梓县楚米镇,东侧为乌江水系,上源称天门河,包括混子河、观音寺河以及沙溪河等二级支流,自西向东途经桐梓县、遵义市汇川区、仁怀市、习水县四县(市、区)部分乡镇,最后于仁怀市、习水县交界的翁萍乡两河口汇入赤水河。桐梓河流域面积为3 348 km²,河道全长122 km,天然高程差约为950 m,平均坡降约为0.48%。流域位置如图2-2所示。

桐梓河流域地层交错分布,较为复杂,主要包括侏罗系、三叠系、二叠系、志留系、奥陶系、寒武系、震旦系等。流域地质构造单一稳定,鲜有地震发生,碳酸岩、碳酸岩夹碎屑岩、碎屑岩夹碳酸岩、碎屑岩错综分布。桐梓河地处黔北山地与四川盆地的衔接地带,地质构造运动强烈,流域内溶蚀和侵蚀现象显著,形成了独特的喀

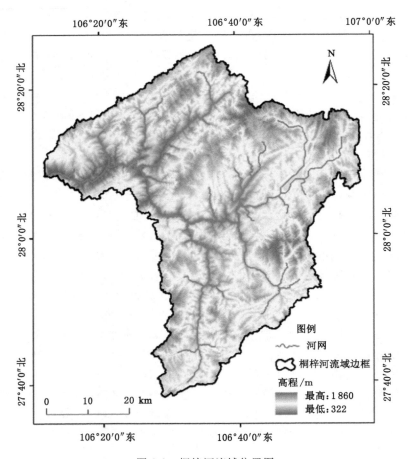

图 2-2　桐梓河流域位置图

斯特岩溶地貌,属黔北峡谷区。桐梓河流域位于呈东北-西南走向的大娄山山脉的
西部,流域内兼有丘陵、山间盆地、河流阶地等多种地貌形态,并且岩溶地貌分布广
泛,石峰林立,地下暗河、岩溶泉、落水洞、岩溶洼地较发育。流域内多崇山峻岭,多
悬岩崩石,雨季多有泥石流、滑坡等地质灾害,呈典型的喀斯特山地特征。

2.1.2.2　气候及水文特征概况

桐梓河流域属于典型的山区雨源型河流,属于亚热带季风性湿润气候,流域
内雨量较丰沛,但降水分布不均。冷空气流常被高山脉阻挡使得局部地区容易
形成强对流天气。降雨多发生在 5—10 月,且雨量较大。据流域内桐梓气象站
及邻近流域茅台气象站历年资料统计:流域内多年平均气温为 17.7 ℃,极端最
高气温为 39.9 ℃,极端最低气温为 −2.7 ℃,平均全年积温 5 392 ℃,年平均日

照时数为 1 224 h,平均相对湿度为 78%;多年平均无霜期为 325 天;多年平均风速为 1.8 m/s,最大瞬时风速为 27 m/s,多年平均最大瞬时风速为 12 m/s;最大积雪深度为 8 cm(张松涛 等,2008)。桐梓河流域内降水随高程变化明显,年降水量为 850~1 200 mm,最大年降水量为 1 550 mm。

桐梓河流域呈菱形,水系发育,支流众多。流域径流主要由降水形成,径流的时空分布变化与降水变化基本一致,流域径流深等值线的分布与年降水量等值线分布趋势大体一致。根据二郎坝水文站实测径流资料:流域内最大径流量为 4 380 m³/s,最小径流量为 4.2 m³/s,最大年平均径流量为 78.7 m³/s,最小年平均径流量为 24.4 m³/s,最大年平均径流量和最小年平均径流量分别是多年平均径流量的 1.6 倍和 0.5 倍。径流年际变化较大,年内分配不均匀,受季风气候的影响,冬季和春季气候相对干燥,降水量较少,径流量也小;夏季和秋季温暖湿润,降水量较多,径流量也较大。

2.1.3 茅台酒水源地

2.1.3.1 自然环境概况

茅台酒水源地位于四川、云南、贵州三省交界地带,地跨云南省镇雄县、威信县,贵州省七星关区、大方县、金沙县、仁怀市,四川省叙永县、古蔺县 8 个县(市),流域面积为 7 363.4 km²。该水源地位于赤水河流域的中上游,河长约 263.5 km,落差为 1 181.4 m,径流深为 300~400 mm。该河段内泉、井、岩穴、伏流甚多,岩溶非常发育,属典型喀斯特地貌景观(耿金 等,2013)。流域位置如图 2-3 所示。

该流域内土壤主要以红壤和黄壤为主,植被主要以灌木林、稀疏植被和草丛为主。茅台酒水源地位于赤水河中上游,自发源地沿云南省镇雄县与威信县边界进入威信县境,再沿着四川省古蔺县和贵州省毕节市七星关区边界流至赤水河镇,先后沿着四川省古蔺县、贵州省金沙县、仁怀市边界流进茅台镇(任晓冬,2010)。区内年降水量为 800~1 000 mm,多集中在 5—10 月,降水量接近全年的 80%。

区内城镇化水平低、人口密度大,土地开发强度很大,流域内可利用的土地资源已极为有限。该区域地貌为喀斯特山地高原,人口密集、高垦殖率、水土流失、坡地开垦等人为因素长期存在,喀斯特地表原生植被破坏、喀斯特石漠化面积不断扩大,严重威胁流域的生态环境和水质。

该区属扬子沉积区,主要是震旦系灯影组的白云岩,下部有磷矿、重晶石、萤石、铅锌矿产出。下古生界以碎屑岩为主,底部的黑色多金属层含有多种元素。中上统为碳酸盐岩区,厚度均较小。中统为灰岩,上统为泥质灰岩、钙质页岩及含煤岩组,是区内主要产煤层位,伴生有高岭土、黄铁矿等。下统由白云岩、灰岩、砂页岩组成(耿金 等,2013)。

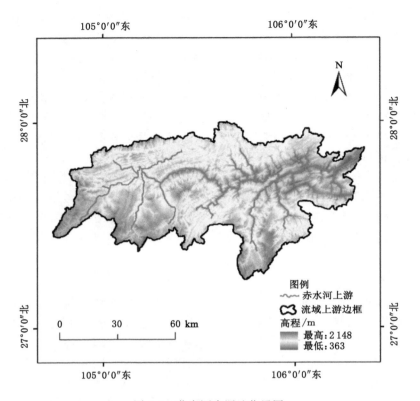

图 2-3　茅台酒水源地位置图

2.1.3.2　气候及水文水资源概况

流域呈狭长带状,地形复杂,造成了气候的复杂多变性。水源地的源头区(二道河以西)处于高原地带,夏短冬长,春长于秋,四季不分明,蒸发量小,湿度大,干雨季不明显,夏无酷暑,冬无严寒,春秋暖和,一雨成冬。水源地(二道河口至土城一带)处于云贵高原与四川盆地过渡的斜坡地带,多年平均气温为 13.1～17.6 ℃,多年平均降水量为 749～1 286 mm,≥10 ℃积温3 920.5～4 770 ℃。水文资料显示,赤水河茅台断面 1954—1989 年间、1990—2002 年间、2009—2011 年间的多年平均径流量分别为 36.11 亿 m³、33.78 亿 m³ 和 22.09 亿 m³(陈蕾 等,2011)。该断面多年平均径流量1954—2002 年共减少了 2.33 亿 m³,而 2009—2011 年则减少了近 11 亿 m³。虽然目前研究区各河干流断面水质基本达到Ⅱ类水功能区要求,但是与 20 世纪中叶Ⅰ类水相比水质已下降许多。随着研究区内社会经济、城镇的发展和资源的开发,水质将持续下降。

2.1.3.3　社会经济概况

研究区内经济发展滞后且发展水平不均衡,农民收入低,贫困发生率高,经济发展的不均衡和差异与白酒工业分布格局基本一致。从三次产业的比例结构来看,云南省镇雄县、威信县和贵州省七星关区、大方县、金沙县对农业的依赖程度较高,贵州省仁怀市整体经济被发达的白酒产业带动;四川省叙永县和古蔺县的主导产业仍是第一产业。

2.1.3.4　茅台酒水源地面临的主要生态环境问题

（1）生态贫困导致生态环境恶化

茅台酒水源地地处我国南方喀斯特地区,属我国最大的喀斯特地貌区域,也是世界上面积最大、最集中连片的喀斯特生态脆弱区。茅台酒水源地是西南部生态型贫困区域,该区涉及的 8 个县(市)中,曾经有 5 个为国家级贫困县(云南省镇雄县、威信县,四川省古蔺县、叙永县以及贵州省大方县),贫困人口约 125 万,超过研究区总人口的 1/3,人地矛盾曾经非常突出(陈蕾 等,2011;黄薇 等,2011)。

（2）高人口密度增加了流域生态环境负担

人口密度大,经济发展相对滞后,农民对土地的高度依赖造成了对其破坏性的利用,例如毁林开荒、开垦坡地,很多山体曾被从山脚直接开垦到山顶,这更加剧了山地高原区的水土流失和生态环境恶化。

（3）快速的城镇化进程及工程项目建设导致流域生态环境被破坏

由于流域内社会经济快速发展和政策引导,研究区城镇化率每年以 1% 的速度增加,这样的增长速度对水质的影响是显而易见的。区内乡镇环保基础设施建设滞后导致生态环境持续恶化,区内近 40 个乡镇中,除了仁怀市茅台镇之外,其他乡镇的污水处理厂也是近年来才着手建设,沿岸部分乡镇仅设置了简单的垃圾收集及中转设施。

《国务院关于进一步促进贵州经济社会又好又快发展的若干意见》出台后,国家加大力度支持贵州省发展,在贵州省重点实施工业强省战略和城镇化带动战略,研究区内大批公路、工业园区及其他工程项目相继开工建设。但在项目建设过程中,发生了砍挖植被、侵占河道、污染河岸的现象,严重破坏了河流生态环境,威胁到流域的生物多样性(白平 等,2014)。

（4）历史遗留的生态问题持续影响流域生态环境

流域内生态欠账较多,历史遗留问题严重。自古以来的土法炼硫炼锌,以云南省镇雄县和贵州省毕节市最为典型,不仅导致区内植被严重破坏,水土流失,生态环境恶化,而且遗留的废渣堆存也是突出的环境隐患。

（5）矿产资源的开发威胁流域生态环境

区域内矿产资源丰富,硫铁矿、煤炭及高岭土储量较大,水力资源也比较丰富,资源的开采与利用造成了生态破坏与水质恶化。

2.2　水质获取与处理

综合考虑研究区的交通状况、水体沿岸城镇及工业分布、污染源及沿岸的资源现状、流域土地功能及发展规划,以及已有的水文、气候、地质地貌、历年的水质资料等因素,在茅台酒水源地共布设枯水期 16 个和丰水期 19 个采样点,并分别于 2012 年 12 月和 2013 年 7 月进行野外采样,采样点分布如图 2-4 所示。在赤水河全流域 28 条主要支流汇合前的断面设置采样点,并于 2017 年 1 月、2017 年 8 月、2021 年 1 月、2021 年 8 月进行丰水期和枯水期的野外采样,采样点分布如图 2-5 所示。

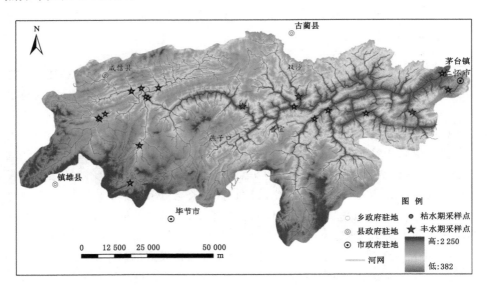

图 2-4　茅台酒水源地地形及水质采样点分布图

对水样进行分析测试的指标包括水温(WT)、电导率(EC)、pH 值、溶解氧(DO)、总磷(TP)、总氮(TN)、化学需氧量(COD)、氨氮(NH₃-N)。其中,水温(WT)、电导率(EC)、pH 值、溶解氧(DO)在野外采样的同时就进行现场测定,其余指标由实验室测定。所有水质指标均严格按照国家环境保护总局 2002 年出版的《水和废水监测分析方法》中的标准方法进行分析。

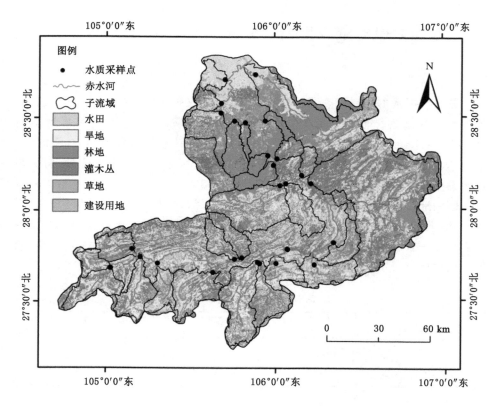

图 2-5　赤水河全流域采样点位置及土地利用数据

2.3　基本地形信息提取

DEM(digital elevation model)是对地形表面形态进行数字化表达的一种数学模型,也是研究环境变迁、水文演化过程的重要基础数据。在本研究中,DEM 被用来确定与提取流域河网、划定流域边界、划分坡度等级、计算地形起伏度等。

本研究所使用的 DEM 数据为来自地理空间数据云的 ASTER GDEM 数据,其空间分辨率为 30 m。在 ArcGIS 软件中经过镶嵌、裁剪及投影变换等处理后得到研究流域的 DEM 数据,如图 2-1、图 2-2、图 2-3 所示,其投影坐标系为 WGS_1984_UTM_Zone_48N,地理坐标系为 D_WGS_1984。

2.4 遥感影像数据获取与预处理

2.4.1 影像选择

影像数据是本研究最重要的数据源,也是获取研究区生态环境因子及各类景观特征的基础。根据研究尺度和研究目的,本研究选择了美国陆地卫星(Landsat5、Landsat8)提供的 TM/OLI 遥感影像。该影像以较高的空间和波谱分辨率、丰富的信息量和较高的定位精度,广泛应用于中尺度上的土地利用/覆盖动态监测、植被参数反演、环境污染监测及灾害监测等领域中。遥感数据质量直接影响地表信息提取的精度,在选取影像时,尽可能地选取了清晰度较高、色调丰富、云量低的高质量影像。本书关于茅台酒水源地生态环境变化对水质的影响研究一共涉及一景三个时相 Landsat 影像数据,数据轨道号为 128/41,数据详细信息见表 2-1。

表 2-1　影像元数据信息表(一)

轨道号	卫星	传感器	卫星发射时间	数据获取时间	空间分辨率/m
128/41	Landsat8	OLI/TIRS	2013 年 2 月	2013 年 6 月	30
128/41	Landsat5	TM	1984 年 3 月	2001 年 6 月	30
128/41	Landsat5	TM	1984 年 3 月	1988 年 9 月	30

全流域坡地景观对河流水质影响的时空差异研究使用了 2017 年和 2021 年四景覆盖赤水河流域全境的 Landsat8 遥感卫星影像,轨道号分别为 127/40、127/41、128/40 和 128/41,数据详细信息见表 2-2。

表 2-2　影像元数据信息表(二)

轨道号	卫星	传感器	数据获取时间	空间分辨率/m	云量/%
127/40	Landsat8	OLI/TIRS	2017 年 5 月	30	10.9
127/41	Landsat8	OLI/TIRS	2017 年 7 月	30	13.8
128/40	Landsat8	OLI/TIRS	2017 年 7 月	30	11.5
128/41	Landsat8	OLI/TIRS	2017 年 7 月	30	17.1
127/40	Landsat8	OLI/TIRS	2021 年 8 月	30	19.8
127/41	Landsat8	OLI/TIRS	2021 年 8 月	30	12.2
128/40	Landsat8	OLI/TIRS	2021 年 8 月	30	15.5
128/41	Landsat8	OLI/TIRS	2021 年 9 月	30	5.18

2.4.2　影像预处理

传感器获取的遥感影像由于地表、大气、传感器本身等各种原因会产生误差,故进行各类生态环境因子提取的前提是对遥感影像进行预处理。本研究涉及的遥感影像的预处理主要包括辐射校正、几何精校正、影像配准、影像裁剪等。

① 辐射校正。为了消除遥感图像成像过程中大气和光照因素、地形差异、传感器本身等造成的误差,获得相对真实的地表反射率,客观地从遥感影像上得到地表信息,必须对原始数据进行辐射校正。辐射校正包含辐射定标和大气校正两部分。本研究在 ENVI 软件 FLAASH 工具的支持下,实现对研究区的辐射校正。所需的参数包括影像的太阳高度角、中心经纬度、过境时间、地面平均高程值等信息,均可在相应影像的头文件中获取。本研究先进行影像的辐射定标,将像元的 D_n 值转换为表观反射率,再执行大气校正。

② 几何精校正。为了消除遥感图像成像过程中地表曲率、地球自转、地形起伏等因素的影响,本研究采用多项式模型对影像进行几何精校正。利用 ERDAS IMAGINE 遥感图像处理软件中的几何校正模块完成遥感影像的几何精校正。首先,在 1∶100 000 地形图和影像之间选好同名地物点对,分别对应添加控制点和参考点;其次,用已添加好的点对建立多项式校正方程,再用检验点对方程进行逐步修正,保证误差范围在 0.5 个像元以内。

③ 影像配准。由于本研究时跨 33 年,需要对 1988 年、2001 年、2013 年、2017 年、2021 年五个时相的数据进行严格配准,以确保位置的同步性。在 ERDAS 的 Autosync 模块下用三角网校正的原理,利用分布在全图的大量控制点建立三角网,在控制点上的精度是完全精确的,点越多精度越高,和地形无关。以先前几何精校正好的 2013 年 OIL 影像为参照标准完成对其他时相 TM/OLI 影像的高精度配准,误差范围控制在 0.1 个像元以内。

④ 研究区裁剪。利用 ERDAS 软件的 Date Preparation 模块中的"Sub Image"命令,以流域分析中提取的研究区范围对影像进行裁剪,得到不同研究区影像图。

第3章 基于修正SWAT模型的喀斯特地区非点源污染模拟

3.1 SWAT模型修正及有效性分析

3.1.1 原始SWAT模型构建

3.1.1.1 建模基础数据获取

坡度数据来源于桐梓河流域DEM,结合全国农业区划委员会发布的《土地利用现状调查技术规程》将坡度分为五个等级,即0°～6°、6°～15°、15°～25°、25°～35°、＞35°(图3-1)。同时,SWAT模型根据DEM数据对流域进行子流域划分并生成河网水系。

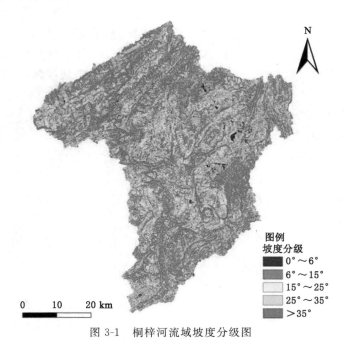

图例
坡度分级
■ 0°～6°
■ 6°～15°
□ 15°～25°
□ 25°～35°
■ ＞35°

0　10　20 km

图 3-1　桐梓河流域坡度分级图

　　土壤数据来源于联合国粮食及农业组织（FAO）和国际应用系统分析研究所（IIASA）所构建的世界土壤数据库（harmonized world soil database，HWSD），空间分辨率为 1 km，包括土壤深度、有机质含量、土壤容重、砂粒含量、粉粒含量、黏粒含量等属性数据。对土壤数据进行拼接裁剪，得到研究区的土壤数据，共分为薄层土、高活性淋溶土、雏形土、疏松岩性土、人为土、高活性强酸土以及低活性淋溶土七类（图 3-2）。SWAT 模型所需的土壤数据库变量可通过查表和土壤质地转化获得。

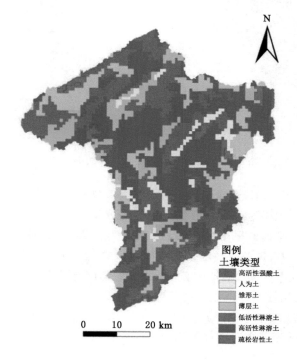

图 3-2　流域土壤类型分布图

　　土地利用数据来源于中国科学院资源环境科学数据中心，空间分辨率为 30 m。该数据基于 Landsat TM/ETM 以及 Landsat8 遥感影像通过人工目视解译完成，经过与同期遥感影像目视对比、校正、投影转换、裁剪整合等预处理得到桐梓河流域 2011 年、2020 年土地利用分类结果，共划分为六类：耕地、林地、灌木林、草地、水体、建设用地（图 3-3）。土地利用不仅反映了下垫面的种类，同时也影响径流曲线数（CN2），因此土地利用数据在模型建立过程中至关重要。

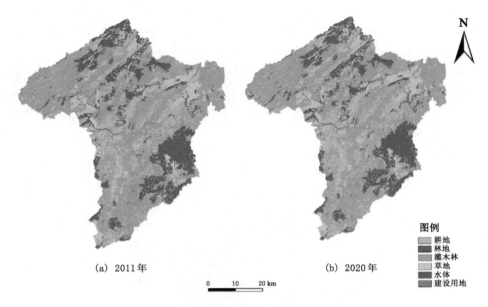

图例
耕地
林地
灌木林
草地
水体
建设用地

(a) 2011年   (b) 2020年

0   10   20 km

图 3-3   2011 年、2020 年土地利用类型图

气象数据来源于国家气象信息中心中国气象数据网,采用桐梓气象站和仁怀气象站 2000—2020 年逐日气象数据。提供的要素主要包括 24 h 降水量(晚上 20 时至次日晚上 20 时)、平均 2 min 风速、平均相对湿度、日照时数、最低气温、最高气温、日平均气温、日平均气压。按照 SWAT 模型所需的数据要求对气象数据进行处理,天气发生器可以模拟在实测数据缺失的情况下研究区的气候特征。

水文水质数据使用二郎坝水文站监测的 2010—2019 年的逐月径流数据,数据来源于贵州省水文水资源局。水质数据为送郎水文站 2019—2020 年的逐月数据,数据来源于遵义生态环境监测中心。

3.1.1.2   模型数据库构建

SWAT 模型具有强大的物理基础和运算能力,需要大量的基础数据构建其所需的数据库,主要包括空间数据和属性数据,空间数据主要是 DEM 数据、土地利用数据、土壤数据及气象数据,属性数据主要包括土地利用及土壤理化属性数据、水文水质数据等。模型所需的土地利用类型索引表、土壤类型索引表见表 3-1、表 3-2,SWAT 模型土壤参数数据库部分变量见表 3-3。SWAT 模型所需的土壤参数数据库需要通过查询中国土壤数据库、土壤质地转化(按美国制)、SPAW 软件计算以及基于公式计算获得(王赛男,2020)。其中土壤质地转化规则见表 3-4。

表 3-1　土地利用类型索引表

编号	名称	SWAT 代码
1	耕地	AGRL
2	林地	FRST
3	灌木林	RNGB
4	草地	PAST
5	水体	WATR
6	建设用地	URHD

表 3-2　土壤类型索引表

编号	名称	SWAT 代码
11367	薄层土	LEPTOSOLS
11369	高活性淋溶土	LUVISOLS
11375	雏形土	CAMBISOLS
11377	疏松岩性土	REGOSOLS
11604	人为土	ANTHROSOLS
11844	高活性强酸土	ALISOLS
11849	低活性淋溶土	LIXISOLS

表 3-3　SWAT 模型土壤参数数据库

变量名称	模型定义	计算方法
TITLE/TEXT	位于.sol 文件的第一行,用于说明文件	—
SNAM	土壤名称	自定义
NLAYERS	土壤分层数	中国土壤数据库
HYDGRP	土壤水文学分组(A、B、C 或 D)	计算
SOL_ZMX	土壤剖面最大根系深度(mm)	中国土壤数据库
ANION_EXCL	阴离子交换孔隙度	模型默认值为 0.5
SOL_CRK	土壤最大可压缩量,以所占总土壤体积的分数表示	模型默认值为 0.5,可选
TEXTURE	土壤层结构	SPAW
SOL_Z	各土壤层底层到土壤表层的深度	中国土壤数据库
SOL_BD	土壤湿密度(mg/m^3 或 g/cm^3)	SPAW
SOL_AWC	土壤层有效持水量(mm)	SPAW
SOL_K	饱和导水率/饱和水力传导系数(mm/h)	SPAW

表 3-3(续)

变量名称	模型定义	计算方法
SOL_CBN	土壤层中有机碳含量	中国土壤数据库(一般为有机质含量乘以 0.58)
CLAY	黏土含量,直径<0.002 mm 的土壤颗粒组成	中国土壤数据库
SILT	壤土含量,直径为 0.002~0.05 mm 的土壤颗粒组成	中国土壤数据库
SAND	砂土含量,直径为 0.05~2.0 mm 的土壤颗粒组成	中国土壤数据库
ROCK	砾石含量,直径>2.0 mm 的土壤颗粒组成	中国土壤数据库
SOL_ALB	地表反射率(湿)	默认为 0.01
USLE_K	USLE 方程中土壤侵蚀力因子	计算
SOL_EC	土壤电导率(dS/m)	默认为 0

表 3-4　土壤质地转化规则

美国制/mm		国际制/mm	
黏粒(clay)	粒径<0.002	黏粒(clay)	粒径<0.002
粉砂(silt)	粒径:0.002~0.05	粉砂(silt)	粒径:0.002~0.02
砂粒(sand)	粒径:0.05~2	细砂粒(fine sand)	粒径:0.02~0.2
石砾(rock)	粒径>2	粗砂粒(coarse sand)	粒径:0.2~2
—	—	石砾(gravel)	粒径>2

土壤侵蚀力因子计算公式如下(Williams et al.,1984):

$$K_{USLE} = f_{csand} \times f_{cl\text{-}si} \times f_{orgc} \times f_{fisand} \tag{3-1}$$

式中,f_{csand} 为粗糙砂土质地土壤侵蚀因子;$f_{cl\text{-}si}$ 为黏壤土土壤侵蚀因子;f_{orgc} 为土壤有机质因子;f_{hisand} 为高砂质土壤侵蚀因子。

$$f_{csand} = 0.2 + 0.3e^{\left[-0.256 \times s_d \times \left(1 - \frac{s_t}{1\,000}\right)\right]} \tag{3-2}$$

$$f_{cl\text{-}si} = \left(\frac{s_i}{s_i + c_l}\right)^{0.3} \tag{3-3}$$

$$f_{orgc} = 1 - \frac{0.25c}{c + e^{(3.72 - 2.95 \times c)}} \tag{3-4}$$

$$f_{hisand} = 1 - \frac{0.7\left(1 - \frac{s_d}{100}\right)}{\left(1 - \frac{s_d}{100}\right) + e^{\left[-5.51 + 22.9 \times \left(1 - \frac{s_d}{100}\right)\right]}} \tag{3-5}$$

式中,s_t 为表层粉砂粒含量;s_d 为砂粒含量百分数;s_i 为粉粒含量百分数;c_1 为黏粒含量百分数;c 为有机碳含量百分数。

SWAT 模型土壤水文分组见表 3-5(Neitsch et al.,2011),根据最小下渗率确定。最小下渗率公式如下:

$$X = (20Y)^{1.8} \tag{3-6}$$

$$Y = \frac{s_d}{10} \times 0.03 + 0.002 \tag{3-7}$$

式中,X 为土壤渗透系数,mm/h;Y 为土壤平均颗粒直径值,mm。

表 3-5　SWAT 模型土壤水文分组

土壤水文分组	土壤水文性质	最小下渗率/(mm/h)
A	在完全湿润的条件下具有较高渗透率的土壤。这类土壤主要由砂砾石组成,有很好的排水、导水能力(产流力低)。如厚层砂、厚层黄土、团粒化粉砂土	7.26~11.43
B	在完全湿润的条件下具有中等渗透率的土壤。这类土壤排水、导水能力和结构都属于中等。如薄层黄土、砂壤土	3.81~7.26
C	在完全湿润的条件下具有较低渗透率的土壤。这类土壤大多有一个阻碍水流向下运动的层,下渗率和导水能力较低。如黏壤土、薄层砂壤土、有机质含量低的土壤、黏质含量高的土壤	1.27~3.81
D	在完全湿润的条件下具有较低渗透率的土壤。这类土壤主要由黏土组成,有很高的膨胀能力,大多有一个永久的水位线,黏土层接近地表,其深层土几乎不影响产流,具有很低的导水能力。如吸水后显著膨胀的土壤、塑性的土壤、某些盐渍土	0~1.27

按照 SWAT 模型所需的数据要求对气象数据进行处理,天气发生器可以模拟在实测数据缺失的情况下研究区的气候特征(李磊 等,2013)。通过研究区气象站点的多年连续实测气象数据,计算该地区所需的气象参数,并输入 SWAT 模型中的 Access 数据表中的 WGEN-USER 中。天气发生器输入数据见表 3-6。

表 3-6　天气发生器输入数据

参数	含义
TMPMX	平均日最高气温
TMPMN	平均日最低气温
TMPSTDMX	日最高气温的方差
TMPSTDMN	日最低气温的方差
PCPMM	月平均降水量
PCPSTD	日降水量的方差
PCPSKW	日降水量偏斜系数
PR_W1	湿日之后干日的概率
PR_W2	湿日之后湿日的概率
PCPD	平均降水天数
RAINHHMX	最大半小时降水量
SOLARAV	日平均太阳辐射量
DEWPT	平均日露点温度
WNDAV	日平均风速

3.1.1.3　SWAT 模型建立

模型建立的流程主要包括建立目标工程、子流域划分、水文响应单元划分、ArcSWAT 运行 4 个步骤。

本研究根据 DEM 数据设置流域面积阈值,通常采用默认的集水面积阈值来划分子流域,再在该阈值的基础上进行增和减的操作,获取最终的阈值(赵俊鹏 等,2014),划分出最能满足研究区现状的子流域个数,最终将流域划分为 57 个子流域,如图 3-4 所示。将土地利用阈值设置为 5%,土壤类型阈值设置为 5%,坡度阈值设置为 10%,最终将子流域划分为 1 295 个水文响应单元(HRUs),如图 3-5 所示。引入气象数据对流域进行模拟,结合实测水文数据进行模型的率定及验证,建立适用于该流域的分布式水文模型。

3.1.2　岩溶地貌提取

3.1.2.1　提取原理

在卫星遥感影像上,岩溶洼地一般呈现出被山丘包围的封闭式负地形,其底部常附有岩溶漏斗、落水洞等地表岩溶形态(张惟理,2012)。落水洞是地表通过地下暗河或溶洞系统的垂直通道,常直接出露于地表,但也常分布在溶蚀漏斗、溶蚀洼地等底部(茹锦文 等,1984)。落水洞常沿构造线、裂隙等呈线状或带状

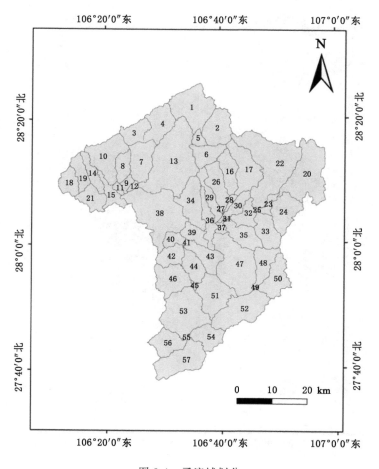

图 3-4　子流域划分

分布,可以用于判断地下暗河的方向(李维能 等,1983)。暗河(伏流)是在岩溶作用下形成的溶洞和地下通道中的水流。暗河常与干谷并存,暗河可能存在于干谷底部或沿背斜和向斜构造的轴部分布有塌陷、漏斗、落水洞的位置,暗河的方向与漏斗、落水洞等的排列方向一致(王英武 等,2006)。在水流突然中断或者出现的位置一般为暗河的出入口,因此解译标志明显。

　　岩溶流域不同地物覆盖信息与植被指数、植被覆盖度、地表温度等参数密切相关。植被指数是评价地表植被活动的无维辐射度量,应用比较广泛的为归一化植被指数(normalized difference vegetation index,NDVI)。NDVI 是评价植物生长状态以及植被空间分布密度的重要的生物物理参数,能准确地反映植被

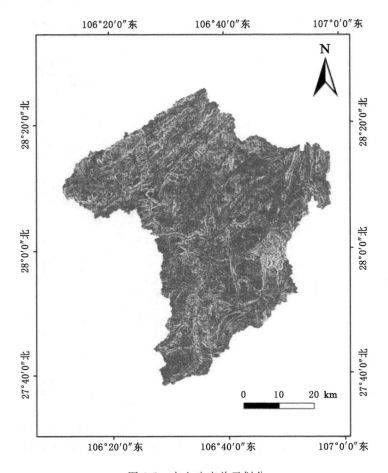

图 3-5　水文响应单元划分

的生长状况、覆盖程度、生物量以及植被叶面积指数的估算。NDVI 的取值范围为 -1 至 1，NDVI 值越大，表示植被覆盖状况越好，NDVI 值越小，表示裸露地表的岩溶植被越稀疏。地表温度（land surface temperature，LST）与 NDVI 存在显著的负相关性，如植被稀少的岩溶地区地表温度较高，植被指数较小；反之，地表温度较低，植被指数较大。植被覆盖度（fractional vegetation cover，FVC）是指包括叶、茎、枝等植被在地面上的垂直投影面积占统计区总面积的百分比，可以直观地反映区域生态环境的状况，决定了传感器接收到植被冠层和土壤背景的可见光和热红外信息，从而影响遥感获取的地表温度。

　　针对单独利用植被指数、植被覆盖度和地表温度等参数提取岩溶流域岩溶信息存在的局限性(刘维 等,2016),结合岩溶地貌的典型特征,利用 Landsat8 遥感数据提取植被指数、植被覆盖度、地表温度和卷云波段构建特征空间,计算植被岩溶比重指数(VKPI),并将 VKPI 进行分级,结合野外实际调研获取的岩溶数据与 1：200 000 水文地质图,最终提取研究区的岩溶地貌特征点,为利用 SWAT 模型探讨岩溶流域的非点源污染特征提供必要的流域水文参数。

3.1.2.2　提取方法

基于从地理空间数据云获取的两景 Landsat8 遥感影像(条带号分别为 127/40 和 127/41,拍摄时间为 2019 年 8 月 13 日,云量小于 5%),利用 ENVI5.3 对影像进行辐射定标、大气校正,计算归一化植被指数、植被覆盖度、地表比辐射率以及黑体辐射亮度,从而反演地表温度。

采用像元二分模型原理,将归一化植被指数转换为植被覆盖度,利用 ENVI5.3 中波段计算工具,分别计算影像的地表比辐射率和黑体辐射亮度。根据美国国家航空航天局(NASA)提供的计算网站分别计算两景影像成像时大气的透过率(τ)、大气向上的辐射亮度(L_s)以及大气向下的辐射亮度(L_x)。地表温度计算公式如下:

$$\begin{cases} B(T_\text{s}) = [L_\lambda - L_\text{s} - \tau \times (1 - \varepsilon) \times L_\text{x}]/(\tau \times \varepsilon) \\ T_\text{s} = K_2/\ln[K_1/B(T_\text{s}) + 1] \end{cases} \tag{3-8}$$

式中,ε 为地表比辐射率;L_λ 为热红外辐射亮度;$B(T_\text{s})$ 为黑体辐射亮度;T_s 为地表温度;$K_1 = 774.89$;$K_2 = 1\ 321.08$。

首先,将两景 Landsat8 遥感影像计算得到的 NDVI、FVC、LST 以及卷云波段进行镶嵌裁剪,获取研究区 NDVI、FVC、LST 以及卷云波段。然后,将获取的 FVC、卷云波段以及反演得到的 LST 进行波段组合和主成分分析,提取第一主成分 PCI,并与 NDVI 值进行回归拟合得到回归方程:

$$\text{PCI} = -4.241\ 0 I_\text{NDV} + 6.341\ 5 \tag{3-9}$$

式中,I_NDV 为归一化植被指数值。

按如下公式计算植被岩溶比重指数值(I_VKP):

$$I_\text{VKP} = 1/4.241\ 0 I_\text{NDV} - \text{PCI} \tag{3-10}$$

根据式(3-10)得到植被岩溶比重指数值 I_VKP。桐梓河流域 VKPI 值的范围为 $-31 \sim 14$。借助 ArcGIS 中的分级阈值法将 VKPI 分为 5 级,即 $-31 \sim -15$,$-15 \sim -5$,$-5 \sim 1$,$1 \sim 6$,$6 \sim 14$,使用不同的颜色标注 VKPI 等级,最终得到桐梓河流域的分级图(图 3-6)。图 3-6 中,VKPI 值为 $-31 \sim -15$ 和 $-15 \sim -5$ 等级所占整个流域的面积比重较多,尤其以 $-31 \sim -15$ 等级所占比重最多。

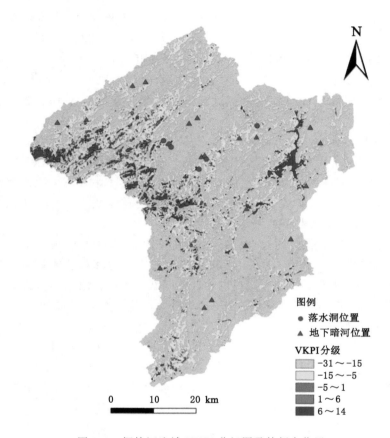

图例
● 落水洞位置
▲ 地下暗河位置

VKPI分级
-31～-15
-15～-5
-5～1
1～6
6～14

0   10   20 km

图 3-6 桐梓河流域 VKPI 分级图及特征点位置

3.1.2.3 岩溶特征提取

将 2021 年 4 月 12 日到 2021 年 4 月 15 日在贵州省遵义市桐梓河流域踏勘的野外实地岩溶点与分级图进行叠加分析,发现岩溶点基本上位于 VKPI 值为 -15～-5 的区域内。再结合遵义市 1：200 000 水文地质图(图幅号为 H-48-35 以及 G-48-5),发现利用植被岩溶比重指数提取流域岩溶信息的方法具有一定合理性,并根据野外实际调研获取的岩溶特征点,发现区内岩溶特征点主要为落水洞及地下暗河,最终提取出位于 13、17、34、36、39 等子流域的 6 个落水洞特征点和 23 个地下暗河特征点,如图 3-6 所示。

3.1.3 SWAT 模型修正

3.1.3.1 增加落水洞水文过程及营养盐输移过程

在岩溶环境下,经由落水洞补给到非承压含水层的非点源污染负荷大致等于该落水洞域被地表水和侧流输移的非点源污染物数量的总和。落水洞的水文过程是在水文响应单元内进行定义并计算的。为了表示落水洞的水文过程,引入新的变量 $w_{\sin k}$ 和 $\sin k$,其中 $\sin k$ 为落水洞水量分配系数,其值在 0～1 之间,通过 $\sin k$ 可以判断该 HRU 内是否有落水洞,$\sin k > 0$ 则说明该 HRU 内存在落水洞,$\sin k = 0$ 则说明该 HRU 内无落水洞,其修改的源代码为 Allocate-parm.f 和 Gwmod.f,用来新增 $\sin k$ 参数、读取 $\sin k$ 外部文件以及检查运行至此的 $\sin k$ 输出是否正确。$w_{\sin k}$ 为 HRU 内伏流与落水洞的渗透量,其计算公式为:

$$w_{\sin k} = \sin k \times (w_{\text{surf}} + w_{\text{lat}}) \tag{3-11}$$

式中,w_{surf} 为地表径流流入落水洞的水量,mm;w_{lat} 为通过侧流流入落水洞的水量,mm。这两个变量的计算由 SWAT 模型原有的算法进行。具体修正的源代码为 Gwmod.f 源,用以计算落水洞的渗透量。$\sin k$ 值的大小通过落水洞汇水面积与所在子流域面积之比来确定。一是该 HRU 为非落水洞,即 $\sin k = 0$,则 HRU 内仍用原始 SWAT 模型在 HRU 内的所有算法,见式(3-11);二是该 HRU 为落水洞,即 $\sin k > 0$,此时对 SWAT 模型在 HRU 内的原有算法进行修正,其计算公式如下:

$$w(i)_{\text{rchrg\_karst}} = [1 - \exp(-1/\delta_{\text{gw\_karst}})] \times w_{\sin k} + \exp(-1/\delta_{\text{gw\_karst}}) \times$$
$$w(i-1)_{\text{rchrg\_karst}} \tag{3-12}$$

式中,$w(i)_{\text{rchrg\_karst}}$ 是时间为 i(日)岩溶地区非承压含水层的补给量,mm;$\delta_{\text{gw\_karst}}$ 为岩溶落水洞的滞后时间,h,其值可以通过率定或采用对岩溶泉的实测数据来估算,在本书的实际操作中,按 $\delta_{\text{gw\_karst}} = t_{\text{delay}}/50$ 来计算,其中 t_{delay} 为通过土壤剖面渗透延误时间(王亚茹,2020);$w(i-1)_{\text{rchrg\_karst}}$ 是时间为 $i-1$(日)的岩溶地区非承压含水层的补给量,mm。而承压含水层 HRU 的日水量由下式计算:

$$w_{\text{deepst}} = w_{\text{gwseep}} + (1 - \sin k)(w_{\text{surf}} + w_{\text{lat}}) \tag{3-13}$$

式中,w_{deepst} 为承压含水层 HRU 的日水量,mm;w_{gwseep} 为 HRU 每日补给深含水层的水量,mm;$(w_{\text{surf}} + w_{\text{lat}})$ 为 HRU 经由落水洞的每日水量,mm。此外,还要修正的算法是从 HRU 流入主河道的日水量 w_{dr} 的计算方法,当 $\sin k = 0$ 时,该 HRU 为非落水洞 HRU,w_{dr} 的计算公式如下:

$$w_{\text{dr}} = w_{\text{day}} + w_{\text{lat}} + w_{\text{gw}} + w_{\text{tile}} + w_{\text{gwdeep}} \tag{3-14}$$

式中,w_{dr} 为从 HRU 流入主河道的每日水量,mm;w_{day} 为从 HRU 流入主河道的地表径流每日水量,mm;w_{lat} 为 HRU 的每日总侧流量,mm;w_{day} 为 HRU 对地下水贡献的每日水量,mm;w_{tile} 为 HRU 内由土壤层人工排水管排放的日水量,mm;w_{gwdeep} 为 HRU 对深层地下水贡献的每日水量,mm。

当 $\sin k > 0$ 时,该 HRU 为落水洞 HRU,w_{dr} 不再计算 w_{day} 和 w_{lat},HRU 的地表径流传输损失也不被模拟,即:

$$w_{dr} = w_{gw} + w_{tile} + w_{gwdeep} \tag{3-15}$$

在岩溶环境下,针对落水洞引入新变量 N_{rchrg_sepbtm} 和 N_{rchrg_karst},N_{surf} 和 N_{lat} 分别表示非岩溶 HRU 内通过土壤渗透补给含水层的非点源污染日负荷和岩溶 HRU 补给含水层的非点源污染日负荷,当 $\sin k = 0$ 时,N_{rchrg_sepbtm} 被计算;当 $\sin k > 0$ 时,N_{rchrg_karst} 被计算。

当 $\sin k = 0$ 时:

$$N(i)_{rchrg\_sepbtm} = \left[1 - \exp\left(\frac{-1}{\delta_{gw}}\right)\right] \cdot N_{perc} + \exp\left(\frac{-1}{\delta_{gw}}\right) \cdot N(i-1)_{rchrg\_srpbtm} \tag{3-16}$$

当 $\sin k > 0$ 时:

$$N(i)_{rchrg\_karst} = \left[1 - \exp\left(\frac{-1}{\delta_{gw\_karst}}\right)\right] \cdot N_{\sin k} + \exp\left(\frac{-1}{\delta_{gw\_karst}}\right) \cdot N(i-1)_{rchrg\_karst} \tag{3-17}$$

式中,i 为时间变量,d;N_{perc} 和 $N_{\sin k}$ 分别为 HRU 内由渗透输移的非点源污染物日负荷量和由落水洞岩溶特征输移的非点源污染日负荷量。$N_{\sin k} = (N_{surf} + N_{lat}) \cdot \sin k$,$N_{surf}$ 和 N_{lat} 分别表示由地表径流和侧流输移至落水洞岩溶特征的非点源污染负荷。HRU 内补给含水层的总非点源污染日负荷由式(3-18)计算:

$$N_{rchrg} = N_{rchrg\_sepbtm} + N_{rchrg\_karst} \tag{3-18}$$

3.1.3.2　增加地下暗河水文过程及营养盐输移过程

地下暗河的水文过程是通过岩溶泉排放到主河道内的,因此通过修正 SWAT 模型的".rte"中的支流 CH_K(1)参数(渗透系数)来实现。CH_K(1)的值是通过地下暗河所在子流域的土壤类型所属的水文分组来确定的,具体的土壤水文分组见表 3-5。根据水文分组河床的损失率来确定渗透系数(表 3-7)。

表 3-7　不同河床质的渗透系数值

河床质类别	河床质特征	渗透系数/(mm/h)
非常高的损失率	非常干净的石砾和大砂粒	>127
高的损失率	干净砂粒和石砾,野外条件	51~127
中等偏高的损失率	低粉粒-黏粒含量的砂粒和石砾混合物	25~76
中等损失率	高粉粒-黏粒含量的砂粒和石砾混合物	6~25
可忽略的低损失率	固结河床质,高粉粒-黏粒含量	0.025~2.5

SWAT 模型中支流的模拟是在子流域内进行的,因此在模拟支流的地下暗河时,非岩溶地区和岩溶地区的地下暗河是连通的。为此引入地下暗河的营养盐分配系数 SS,由地表径流的传输损失来确定,其计算公式为:

$$SS = w_{loss} / w_{surf} \tag{3-19}$$

式中,w_{loss} 为地下暗河的传输损失量,mm;w_{surf} 意义同前。

由地下暗河传输而进入非承压含水层的非点源污染负荷由式(3-20)计算:

$$N_{sep\_direct} = SS \times N_{surf} \tag{3-20}$$

式中,N_{surf} 为 HRU 内地表径流的日负荷量,其修改代码为 Gw.no3.f。由 HRU 地表径流进入主河道的非点源污染负荷计算按式(3-21)进行,具体修改源代码中的 surfstor.f。

$$N_{sub\_surf} = (1 - SS) \cdot N_{sep\_direct} \cdot \zeta_{hru\_bafr} \tag{3-21}$$

式中,ζ_{hru_bafr} 为 HRU 与流域面积的比例系数;N_{sub_direct} 为由地下暗河传输而进入非承压含水层的非点源污染负荷。

3.1.4　有效性分析

3.1.4.1　参数敏感性分析

SWAT 模型中影响流域水文过程的参数众多,且每个参数对模型的影响程度不同,根据前人经验选取影响径流的 15 个主要参数以及影响非点源氮污染的 8 个水质参数(赖格英 等,2018;杨军军,2012)。采用 SWAT-CUP 中的 SUFI-2 算法进行敏感性分析及率定。SUFI-2 算法可将模型率定后的参数范围根据模拟值与实测值的 95PPU(95 percent prediction uncertainty)图可视化,以求得模型模拟效果最佳的最优参数组合(郭军庭 等,2014)。本节选取的 ALPHA_BF、CH_K2、CN2、GWQMN、CANMXGW_REVAP 等 15 个敏感性最高的径流参数名称、物理意义、t-Stat 及 P-Value 见表 3-8,SHALLST_N、BIOMIX、NPERCO、ERORGN 等 8 个水质参数名称、物理意义、t-Stat 及 P-Value 见表 3-9。t-Stat 表示参数敏感性,P-Value 体现 t-Stat 统计量的显著性,其中 t-Stat 的绝对值越大,敏感性越高;P-Value 越接近 0,显著性越大。

表 3-8　SWAT 模型修正前后径流参数及其敏感性

敏感排序	参数名称*	物理意义	修正前		修正后	
			t-Stat	P-Value	t-Stat	P-Value
1	V_ALPHA_BF	基流 α 因子	16.95	0	17.34	0
2	V_CH_K2	主河道有效水力传导系数	−5.72	<0.001	−5.91	<0.001
3	R_CN2	SCS 径流曲线数	4.52	<0.001	4.52	<0.001
4	V_CH_N2	主河道曼宁系数	−3.35	<0.001	−3.41	<0.001
5	A_GWQMN	浅层地下径流系数	−2.18	0.03	−2.30	0.02
6	V_CANMX	最大蓄水量	1.96	0.05	1.90	0.05
7	V_EPCO	植被蒸腾补偿系数	1.39	0.16	1.44	0.14
8	A_GW_REVAP	地下水蒸发系数	−1.01	0.31	−1.07	0.28
9	A_GW_DELAY	地下水延迟时间	−0.88	0.37	−0.96	0.33
10	V_SURLAG	地表径流滞后系数	−0.79	0.42	−0.77	0.43
11	R_SOL_Z	土壤表层到土壤底层的深度	0.69	0.49	0.69	0.48
12	A_REVAPMN	浅层地下水再蒸发系数	0.59	0.55	0.61	0.54
13	R_SOL_AWC	土壤有效含水量	−0.57	0.56	−0.53	0.59
14	V_ESCO	土壤蒸发补偿系数	0.49	0.62	0.44	0.65
15	R_SOL_K	土壤饱和导水率	0.10	0.91	0.12	0.89

注：变量名前的 V_ 表示新的参数值＝率定结果，R_ 表示新的参数值＝现有参数值×(1＋率定结果)，A_ 表示新的参数值＝现有参数值＋率定结果。

表 3-9　SWAT 模型修正前后与氮相关的参数及其敏感性

敏感排序	参数名称	物理意义	修正前		修正后	
			t-Stat	P-Value	t-Stat	P-Value
1	V_NPERCO	氮的渗透系数	−32.56	0	−29.96	0
2	V_BIOMIX	生物混合系数	−9.79	0	−6.52	0
3	V_ERORGN	有机氮富集率	2.86	<0.001	1.95	0.05
4	V_CMN	活性有机氮矿化率因子	−1.74	0.08	1.45	0.14
5	V_CH_ONCO	河道中有机氮浓度(mg/L)	1.46	0.14	0.57	0.56
6	V_SPCON	河道演算中泥沙被重新携带的线性指数	0.24	0.8	−0.33	0.74

表 3-9(续)

敏感排序	参数名称	物理意义	修正前		修正后	
			t-Stat	P-Value	t-Stat	P-Value
7	V_SPEXP	河道演算中泥沙被重新携带的幂指数	0.06	0.95	−0.20	0.83
8	V_SHALLST_N	流域通过地下水排向河道的硝酸盐浓度	0.27	0.78	−0.08	0.93

由表 3-8、表 3-9 可知,模型修正前后的参数敏感性排序未发生变化,但修正后的模型径流参数与修正前相比,大多数参数的 t-Stat 绝对值有所增大,而 P-Value 数值有所减小,表明修正后的模型径流参数敏感性和显著性都有所提高。修正前后径流参数敏感性最大的参数是 ALPHA_BF,其次为 CH_K2 和 CN2。修正后的模型与氮相关的参数与原始模型相比较,t-Stat 绝对值有所减小,而 P-Value 值有所增大,说明修正后的模型与氮相关的参数敏感性和显著性较修正前有所降低。修正前后与氮相关的参数敏感性最大的参数是 NPERCO,其次分别为 BIOMIX 和 ERORGN。总体上修正前后模型参数的敏感性排序是一致的。

表 3-10 和表 3-11 分别列出了所选参数选取的最大值、最小值以及模型修正前后率定结果。

表 3-10　模型修正前后径流参数率定结果

参数名称	最小值	最大值	修正前	修正后
			率定结果	率定结果
V_ALPHA_BF	0	1	0.847	0.847
V_CH_K2	0	150	31.95	31.95
R_CN2	−0.25	0.25	0.085 5	0.085 5
V_CH_N2	0	0.3	0.284 1	0.284 1
A_GWQMN	−1 000	1 000	−542	−542
V_CANMX	0	10	0.73	0.73
V_EPCO	0	1	0.269	0.269
A_GW_REVAP	−0.036	0.036	−0.02	−0.02
A_GW_DELAY	−10	10	−9.1	−9.1
V_SURLAG	0	10	9.07	9.07
R_SOL_Z	−0.25	0.25	0.137 5	0.137 5

表 3-10(续)

参数名称	最小值	最大值	修正前	修正后
			率定结果	率定结果
A_REVAPMN	−100	100	−35.4	−35.4
R_SOL_AWC	−0.25	0.25	0.198 5	0.198 5
V_ESCO	0	1	0.387	0.387
R_SOL_K	−0.25	0.25	0.066 5	0.066 5

表 3-11　模型修正前后与氮相关的参数率定结果

参数名称	最小值	最大值	修正前	修正后
			率定结果	率定结果
V_NPERCO	0	1	0.197	0.205
V_BIOMIX	0	1	0.559	0.307
V_ERORGN	0	5	0.665	0.675
V_CMN	0.001	0.003	0.002 7	0.001 5
V_CH_ONCO	0	100	80.5	68.5
V_SPCON	0.000 1	0.01	0.006 4	0.004 1
V_SPEXP	1	1.5	1.027 5	1.316 5
V_SHALLST_N	0	1 000	903	531

由表 3-10 和表 3-11 可知,增加落水洞及地下暗河岩溶变量后,模型径流参数率定结果与原始模型一致,但与氮相关的参数模型修正前后率定结果并不一致,修正前 NPERCO 率定结果为 0.197,修正后增加为 0.205,修正前 BIOMIX 的率定结果为 0.559,修正后减小为 0.307,说明增加岩溶特征变量后对模型水质的率定结果产生了一定影响。

3.1.4.2　率定及验证

模型的模拟精度采用确定性系数 R^2 和纳什效率系数 NS 来评价,其计算公式分别为:

$$R^2 = \left[\frac{\sum\limits_{i=1}^{n}(Q_{obs} - Q_{avg})(Q_{sim} - \bar{Q}_{sim})}{\sqrt{\sum\limits_{i=1}^{n}(Q_{obs} - Q_{avg})^2 \sum\limits_{i=1}^{n}(Q_{sim} - \bar{Q}_{sim})}} \right] \tag{3-22}$$

$$NS = 1 - \frac{\sum\limits_{i=1}^{n}(Q_{obs} - Q_{sim})^2}{\sum\limits_{i=1}^{n}(Q_{obs} - Q_{avg})^2} \qquad (3-23)$$

式中，Q_{obs} 为观测值；Q_{sim} 为模拟值；Q_{avg} 为实测径流平均值；$\overline{Q}_{sim}$ 为模拟平均值；n 为样本个数。R^2、NS 的模拟结果越接近 1，表明模型模拟值与观测值的吻合性越高，模型模拟结果越好。在一般情况下，当模拟结果 $R^2 > 0.5$，NS > 0.5 时（张招招 等，2019），认为模拟效果较好，表示模型适用于流域非点源污染模拟，见表 3-12。

表 3-12　R^2 与 NS 评价模型可信度分布区间

模型可靠性	R^2	NS
非常好	$0.80 < R^2 \leqslant 1.00$	$0.75 < NS \leqslant 1.00$
良好	$0.70 < R^2 \leqslant 0.80$	$0.65 < NS \leqslant 0.75$
一般	$0.50 < R^2 \leqslant 0.70$	$0.50 < NS \leqslant 0.65$
不满足	$R^2 \leqslant 0.50$	$NS \leqslant 0.50$

　　模型参数率定时先对径流参数进行率定，对参数进行调整得到最优参数，再对水质参数进行率定，这期间保持径流参数不变。根据已有数据资料采用 2010—2017 年的 96 组数据为径流率定期，2018—2019 年的 24 组数据为径流验证期，2019—2020 年的 10 组数据为水质率定期，2020 年的 6 组数据为水质验证期，对修正前后的模型均进行模拟。修正前后模型径流模拟结果率定期 R^2 和 NS 分别为 0.85、0.85 和 0.86、0.86，验证期 R^2 和 NS 分别为 0.79、0.65 和 0.79、0.72；修正前后模型营养盐总氮的模拟结果率定期 R^2 和 NS 分别为 0.84、0.74 和 0.83、0.73，验证期 R^2 和 NS 分别为 0.93、0.83 和 0.93、0.82。模型修正前后径流模拟结果有所提高，修正前后水质模拟结果变化不大。模型修正前后径流模拟结果见图 3-7 和图 3-8。

　　由图 3-7 和图 3-8 对比分析可看出，2014 年 6 月模型修正前后洪峰的模拟值均高于观测值，修正前的洪峰径流模拟值为 283.3 m³/s，修正后减少为 282.3 m³/s，模型修正后的洪峰径流模拟值比修正前减少了 1.0 m³/s。2019 年 6 月和 7 月模型修正前径流的模拟值均高于观测值，分别为 162.0 m³/s 和 162.9 m³/s，修正后模拟值低于观测值，分别为 148.6 m³/s 和 138.7 m³/s，模型修正后的径流模拟值比修正前分别减少了 13.4 m³/s 和 24.2 m³/s，这主要与加入落水洞、地下暗河变量有关。研究区长期受

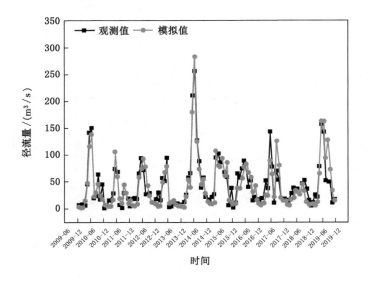

图 3-7　模型修正前径流模拟结果

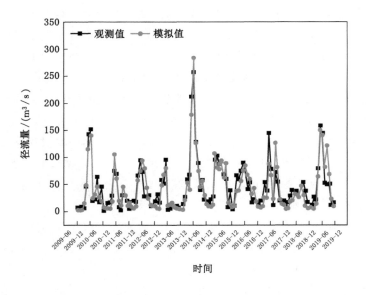

图 3-8　模型修正后径流模拟结果

强烈的岩溶作用,形成地表地下二元三维空间结构,且成土作用缓慢,土壤相对较少。由于岩溶的强烈发育,这些地区的岩溶漏斗、岩溶洼地、落水洞、地下暗河及地下管道等十分发达,地表径流通过落水洞直接传输到地下的深层和浅层含水层,从而造成地表严重缺水而地下水特别丰富的现象。模型修正前后总氮的模拟值与观测值的对照图见图 3-9 和图 3-10。

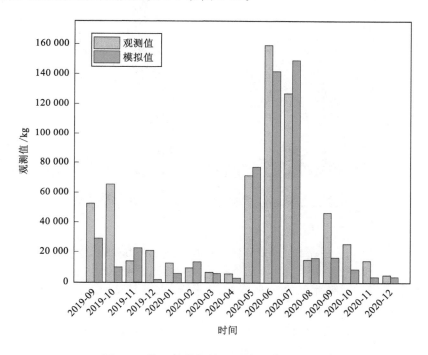

图 3-9　修正前总氮的观测值与模拟值对照

修正前后总氮的模拟结果基本一致,但从图中可以看出,修正后总氮的模拟结果在洪峰值(2020 年 6 月和 7 月)处与观测值更接近。2020 年 6 月模型修正前后总氮的模拟值分别为 141 800 kg 和 150 600 kg,修正后总氮的模拟值增加了 8 800 kg,增幅为6.20％。2020 年 7 月模型修正前后总氮的模拟值分别为 149 000 kg 和 150 200 kg,修正后总氮的模拟值增加了 1 200 kg,增幅为 0.8％。岩溶流域有地表和地下两套水系统,且两者之间通过落水洞、岩溶洼地等相连,连通性较好,因此地表污水很容易进入地下,生产和生活污水可以直接排入地下造成污染。地表水经过河、溪、沟、塘等处后会带走污染物质,这些污染物一方面会直接污染地表水,另一方面会下渗至岩溶含水层,从而造

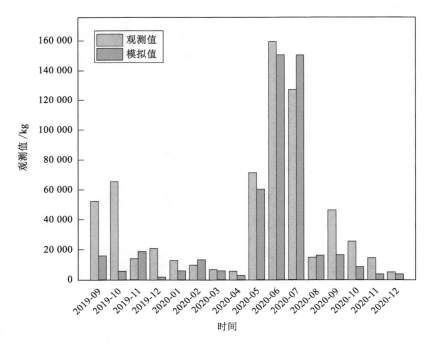

图 3-10　修正后总氮的观测值与模拟值对照

成地下水污染。城镇生活区一般水位埋藏浅，土壤较薄，隔水能力较差，生活垃圾分解产生的有害物质也会造成水污染加剧。

　　综上，岩溶环境下的地区非点源污染负荷更加严重，因此修正后的模型模拟的总氮负荷呈增加的趋势。在前后模拟的过程中，模型中所输入变量除增加了落水洞及地下暗河的岩溶特征变量外，其余变量都相同，因此模型前后模拟结果的差异完全是由岩溶特征变量引起的，对模型前后结果进行分析，可以定量评估和分析岩溶特征对非点源污染的影响。

3.1.5　模型修正前后对比分析

3.1.5.1　模型修正前后径流的对比分析

　　根据研究区岩溶地貌特征，按照模型修正算法增加落水洞及地下暗河的水文过程，选取研究区内均增加落水洞及地下暗河的 13、17、34、36、39 号子流域进行分析。这些子流域模型修正前后 2019—2020 年的径流模拟结果见表 3-13、表 3-14、表 3-15、表 3-16 和表 3-17，模型修正前后径流的模拟结果对比曲线见图 3-11、图 3-12、图 3-13、图 3-14 和图 3-15。

表 3-13　13 号子流域修正前后径流模拟结果

时间 /月	修正前					修正后				
	径流 /(m³/s)	蒸散发 /mm	地表 径流/mm	地下 径流/mm	产水量 /mm	径流 /(m³/s)	蒸散发 /mm	地表 径流/mm	地下 径流/mm	产水量 /mm
1	0.373	14.782	0.119	0.103	2.104	0.443	14.881	0.064	0.155	2.939
2	0.304	24.155	0.000	0.024	1.193	0.360	24.285	0.000	0.055	1.844
3	0.380	48.122	0.082	0.007	1.993	0.421	48.393	0.020	0.026	2.464
4	2.048	67.775	10.559	0.002	15.692	1.802	67.962	9.812	0.224	12.244
5	4.517	67.325	5.964	0.093	22.087	4.485	67.276	3.671	1.095	20.580
6	23.240	88.355	102.947	6.718	138.599	21.520	88.311	92.478	11.069	114.265
7	22.840	112.423	81.170	21.537	132.212	22.050	112.144	71.872	27.814	121.690
8	16.910	131.911	69.569	13.271	102.543	16.220	128.303	64.924	18.036	97.042
9	20.940	74.526	63.743	16.219	110.045	21.570	74.661	59.335	20.927	111.006
10	8.955	40.813	23.579	11.348	52.164	9.436	41.001	19.152	14.642	57.906
11	5.654	22.788	4.344	15.227	30.458	6.186	22.868	3.157	15.880	38.028
12	2.558	22.695	0.084	9.452	13.970	3.022	22.748	0.006	8.795	20.580
13	1.244	18.929	1.207	2.509	7.086	1.614	18.967	0.780	2.540	11.797
14	1.153	25.034	3.170	0.663	6.766	1.401	25.070	2.407	1.014	9.351
15	0.940	54.369	1.369	0.639	4.987	1.149	54.408	0.902	0.986	7.802
16	0.850	63.173	0.803	0.183	4.147	1.038	63.221	0.429	0.597	6.517
17	9.457	92.441	46.475	0.063	61.957	8.696	92.356	42.688	1.453	50.689
18	21.480	81.392	73.920	12.299	120.636	20.410	81.304	63.784	16.615	105.553
19	43.760	101.017	155.177	50.823	251.283	41.790	100.793	142.677	56.298	226.727
20	6.309	115.585	0.155	21.335	30.586	7.158	111.017	0.014	22.993	44.598
21	10.180	33.838	25.689	6.771	57.620	10.680	33.625	21.863	9.192	59.529
22	13.210	27.419	20.140	28.782	74.877	13.560	27.618	16.072	29.867	77.125
23	5.408	37.194	2.262	18.602	28.586	5.763	37.401	1.672	17.240	33.693
24	1.526	14.861	0.019	5.027	8.170	1.932	14.928	0.000	4.618	13.670

表 3-14　17 号子流域修正前后径流模拟结果

时间/月	修正前					修正后				
	径流/(m³/s)	蒸散发/mm	地表径流/mm	地下径流/mm	产水量/mm	径流/(m³/s)	蒸散发/mm	地表径流/mm	地下径流/mm	产水量/mm
1	0.059	14.795	0.145	0.178	1.847	0.070	14.875	0.110	0.232	2.209
2	0.042	24.031	0.000	0.041	1.001	0.051	24.140	0.000	0.074	1.292
3	0.054	47.454	0.103	0.012	1.682	0.060	47.765	0.055	0.034	1.857
4	0.456	66.736	11.817	0.049	16.120	0.421	66.970	11.465	0.212	14.769
5	0.761	67.167	6.962	2.089	22.270	0.755	67.114	5.527	2.935	21.465
6	4.749	87.537	112.760	10.760	145.744	4.559	87.476	107.748	13.935	137.912
7	4.497	110.496	87.242	27.794	138.318	4.410	110.249	82.163	33.047	135.709
8	3.499	128.134	74.886	17.176	108.487	3.446	124.589	73.455	20.848	108.535
9	3.805	73.774	66.307	20.961	111.308	3.884	73.914	64.184	24.579	113.078
10	1.703	41.762	24.931	13.992	52.839	1.774	41.916	22.824	16.377	55.126
11	1.050	23.263	4.876	16.526	30.056	1.123	23.320	4.135	17.670	33.126
12	0.481	22.873	0.100	9.991	13.694	0.544	22.913	0.035	10.117	16.290
13	0.231	18.995	1.398	2.684	6.895	0.280	19.024	1.139	2.855	8.519
14	0.222	24.980	3.538	0.732	6.718	0.254	25.008	3.121	0.977	7.515
15	0.165	52.321	1.591	0.636	4.742	0.192	52.351	1.321	0.915	5.717
16	0.132	60.586	0.964	0.177	3.771	0.156	60.638	0.685	0.487	4.578
17	1.906	90.348	50.092	1.522	64.518	1.799	90.257	48.022	2.339	60.075
18	4.165	80.874	77.777	18.120	123.796	4.048	80.763	72.499	21.292	118.407
19	8.169	99.219	157.880	57.813	251.971	7.961	99.027	152.298	62.939	245.627
20	1.169	110.598	0.182	24.816	32.695	1.289	105.538	0.057	26.626	38.535
21	1.945	33.808	29.254	9.865	59.797	2.036	33.669	27.599	12.309	61.359
22	2.502	28.530	21.707	34.271	76.687	2.573	28.718	19.576	37.491	79.471
23	1.043	37.036	2.526	20.643	29.401	1.099	37.237	2.210	21.161	32.065
24	0.286	14.636	0.022	5.548	8.158	0.343	14.701	0.000	5.676	10.347

表 3-15 34 号子流域修正前后径流模拟结果

时间 /月	修正前					修正后				
	径流 /(m³/s)	蒸散发 /mm	地表 径流/mm	地下 径流/mm	产水量 /mm	径流 /(m³/s)	蒸散发 /mm	地表 径流/mm	地下 径流/mm	产水量 /mm
1	0.039	14.824	0.302	0.220	1.372	0.071	14.911	0.238	0.251	2.504
2	0.025	24.313	0.000	0.051	0.601	0.051	24.418	0.000	0.089	1.504
3	0.023	50.260	0.236	0.015	0.848	0.041	50.478	0.129	0.059	1.432
4	0.520	70.578	18.796	0.048	19.874	0.409	70.689	18.071	0.497	16.022
5	0.507	67.153	12.187	2.103	17.024	0.452	67.079	9.999	2.255	13.853
6	4.527	88.128	141.882	11.032	157.475	3.874	88.034	135.333	13.849	132.902
7	3.892	111.174	106.486	25.387	137.424	3.570	110.952	99.963	29.151	124.861
8	3.367	130.019	96.201	15.389	116.598	3.104	125.938	94.129	18.693	110.380
9	3.080	70.436	80.530	16.135	102.652	3.043	70.754	77.745	18.377	101.032
10	1.435	39.729	34.282	11.553	50.384	1.551	39.942	31.466	12.548	54.483
11	0.874	23.002	7.365	17.306	28.279	1.035	23.087	6.400	16.453	34.927
12	0.463	22.910	0.207	12.085	14.952	0.628	22.957	0.067	10.829	21.581
13	0.222	18.853	2.176	3.299	7.469	0.360	18.884	1.796	3.119	12.455
14	0.224	24.898	5.298	0.913	7.659	0.317	24.927	4.737	1.161	10.589
15	0.151	52.912	2.523	1.069	4.874	0.233	52.937	2.131	1.369	7.900
16	0.095	61.781	1.622	0.309	3.014	0.162	61.834	1.272	0.676	5.419
17	1.954	90.547	69.595	1.320	73.692	1.629	90.433	67.163	2.396	61.580
18	3.605	80.960	102.225	14.543	122.430	3.203	80.850	95.942	16.066	105.708
19	7.113	99.804	191.329	49.286	249.186	6.372	99.608	184.339	51.218	223.273
20	0.860	113.971	0.378	21.798	26.506	1.129	108.047	0.121	21.241	38.755
21	1.676	31.536	44.034	8.860	58.736	1.714	31.822	42.046	10.161	58.325
22	2.089	26.257	30.819	35.433	72.755	2.087	26.504	28.310	34.243	73.512
23	1.009	35.542	3.770	24.280	32.301	1.115	35.787	3.281	21.989	37.192
24	0.297	14.575	0.044	6.657	9.575	0.449	14.647	0.000	6.023	15.440

表 3-16　36 号子流域修正前后径流模拟结果

时间 /月	修正前					修正后				
	径流 /(m³/s)	蒸散发 /mm	地表 径流/mm	地下 径流/mm	产水量 /mm	径流 /(m³/s)	蒸散发 /mm	地表 径流/mm	地下 径流/mm	产水量 /mm
1	1.604	15.188	0.168	0.133	1.822	1.641	15.272	0.123	0.188	1.957
2	1.435	24.854	0.000	0.031	1.013	1.456	24.967	0.000	0.076	1.145
3	1.082	49.998	0.121	0.009	1.628	1.096	50.249	0.063	0.043	1.676
4	6.316	69.361	12.540	0.002	16.452	5.728	69.508	12.082	0.167	15.856
5	13.700	67.329	7.339	0.114	20.243	14.170	67.276	5.696	1.076	19.580
6	69.530	88.697	115.543	6.598	143.162	68.660	88.667	109.326	10.049	137.542
7	66.090	112.411	89.649	22.687	134.910	66.430	112.134	84.267	28.325	133.844
8	48.280	131.685	77.664	13.748	106.751	46.720	128.329	75.631	17.595	107.809
9	54.900	72.206	68.390	16.047	107.762	58.170	72.397	66.230	19.700	109.426
10	25.730	38.981	27.125	11.907	53.003	25.890	39.187	24.606	14.596	54.278
11	15.240	21.938	5.302	16.507	30.993	15.580	22.024	4.479	18.287	33.304
12	7.353	22.401	0.106	10.447	14.519	7.581	22.463	0.034	11.022	16.188
13	4.046	19.347	1.501	2.776	7.178	4.122	19.382	1.203	3.089	8.030
14	3.794	25.408	3.790	0.732	6.948	3.807	25.441	3.317	1.035	7.295
15	2.783	55.017	1.688	0.593	4.761	2.837	55.053	1.377	0.922	5.265
16	2.357	63.116	1.009	0.166	3.764	2.404	63.166	0.682	0.543	4.203
17	25.620	92.574	52.840	0.057	64.418	24.620	92.494	50.514	0.829	61.763
18	56.980	81.352	81.971	12.387	120.345	56.690	81.263	76.189	15.715	116.398
19	115.000	101.024	166.206	51.092	250.921	114.900	100.794	159.919	56.589	247.182
20	16.910	115.469	0.193	21.527	29.647	17.850	111.092	0.063	23.770	33.713
21	30.330	32.696	30.432	6.833	57.169	31.430	32.585	28.615	9.004	58.564
22	36.330	27.309	23.084	30.709	74.699	37.130	27.549	20.687	34.420	76.964
23	15.790	37.563	2.693	20.004	29.495	16.260	37.821	2.321	21.197	31.422
24	5.201	14.967	0.022	5.407	8.281	5.372	15.048	0.000	5.734	9.525

表 3-17 39 号子流域修正前后径流模拟结果

时间/月	修正前					修正后				
	径流/(m³/s)	蒸散发/mm	地表径流/mm	地下径流/mm	产水量/mm	径流/(m³/s)	蒸散发/mm	地表径流/mm	地下径流/mm	产水量/mm
1	1.647	14.916	0.176	0.239	2.262	1.734	14.989	0.144	0.296	3.538
2	1.513	23.942	0.000	0.055	1.148	1.574	24.036	0.000	0.080	2.132
3	1.112	47.469	0.126	0.016	1.773	1.154	47.678	0.076	0.045	2.506
4	6.124	66.691	14.252	0.046	18.398	5.039	66.780	13.831	0.621	13.542
5	15.110	66.898	8.624	2.163	22.163	15.680	66.813	7.043	3.237	20.583
6	75.020	87.035	122.381	10.104	153.034	72.550	86.902	117.215	15.528	126.758
7	71.680	109.656	93.198	23.418	137.524	72.010	109.460	88.881	29.592	125.877
8	52.800	125.650	83.372	14.065	113.036	49.310	122.716	81.802	19.010	105.256
9	60.350	70.821	71.423	15.473	108.087	65.360	71.091	69.632	19.890	109.698
10	27.690	39.322	28.847	11.387	53.528	27.940	39.524	26.649	14.179	61.001
11	16.610	22.161	5.859	15.576	29.870	17.340	22.244	5.144	16.334	39.847
12	8.125	22.222	0.127	10.417	14.844	8.730	22.280	0.055	9.409	23.534
13	4.386	19.162	1.638	2.850	7.842	4.675	19.195	1.363	2.795	14.062
14	4.063	25.052	4.166	0.767	7.662	4.216	25.086	3.654	1.128	11.091
15	3.050	51.842	1.850	0.715	5.164	3.231	51.912	1.591	1.065	8.970
16	2.564	59.344	1.129	0.206	3.934	2.722	59.427	0.834	0.514	6.968
17	27.370	89.523	57.673	1.511	70.734	25.640	89.450	55.808	3.753	56.442
18	61.970	80.555	86.580	14.036	124.600	60.450	80.446	81.515	18.934	109.285
19	125.200	98.720	172.354	46.964	250.276	124.200	98.537	166.863	54.044	224.043
20	18.920	108.753	0.229	20.504	28.524	20.910	104.882	0.091	21.160	45.448
21	32.690	32.622	34.953	8.834	63.338	33.610	32.417	33.408	11.671	64.744
22	39.270	27.662	25.303	31.269	74.909	40.120	27.878	23.310	32.249	79.018
23	17.340	36.146	2.960	20.148	30.146	18.200	36.370	2.636	18.168	37.107
24	5.730	14.384	0.026	5.477	9.239	6.188	14.451	0.000	4.867	16.737

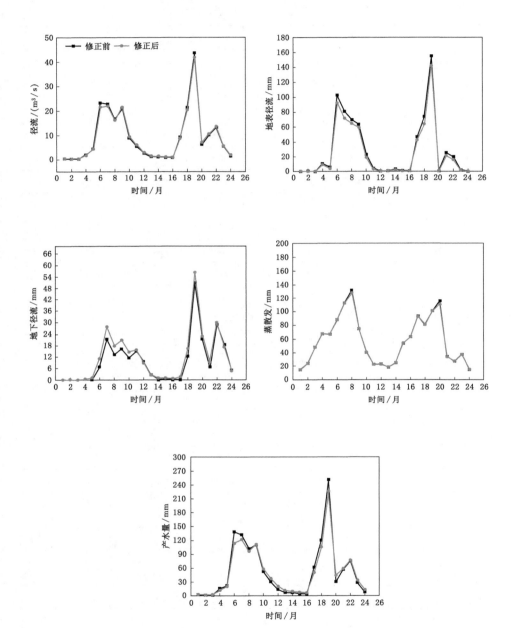

图 3-11　13 号子流域模型修正前后径流模拟结果对比

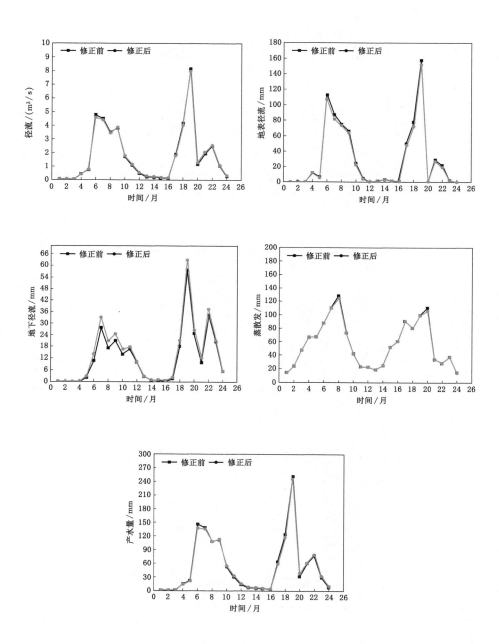

图 3-12　17 号子流域模型修正前后径流模拟结果对比

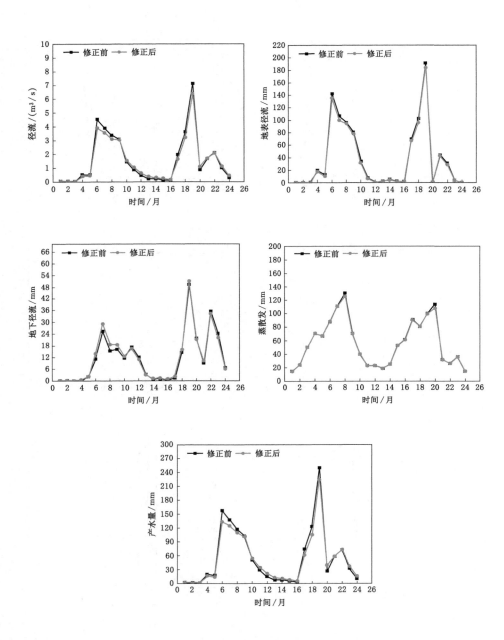

图 3-13　34 号子流域模型修正前后径流模拟结果对比

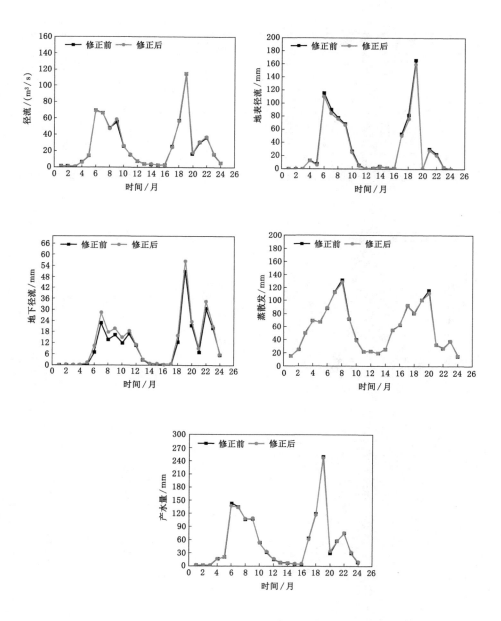

图 3-14　36 号子流域模型修正前后径流模拟结果对比

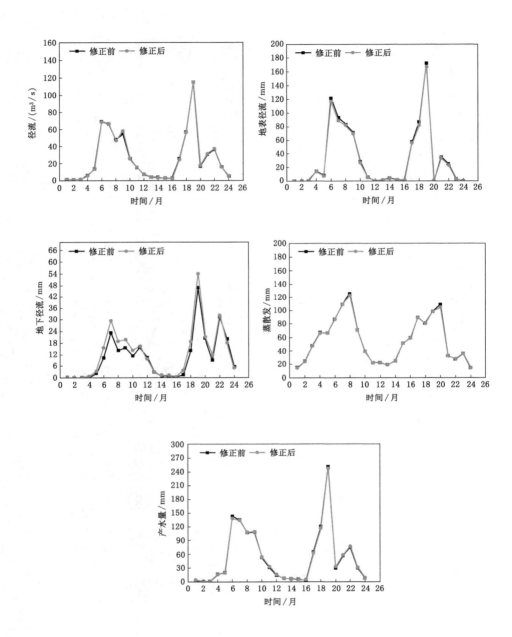

图 3-15　39 号子流域模型修正前后径流模拟结果对比

由表 3-13 和图 3-11 可以得出,修正后 13 号子流域径流的模拟值在 2019 年 6 月和 2020 年 6 月比修正前的模拟值分别减少了 1.72 m³/s 和 1.07 m³/s。修正后的地表径流和产水量模拟值整体呈减少趋势,特别是在洪峰处,修正后的模拟值明显低于修正前的模拟值。修正后的地下径流增加,其中 2019 年 7 月增量达到 6.277 m³/s。17 号子流域的变化趋势与 13 号子流域的基本一致,为径流和蒸散发减少,地下径流增加而地表径流及产水量减少。34 号、36 号及 39 号子流域集中分布在流域中游,岩溶地貌发育广泛,修正后 34 号子流域径流的减少趋势比 36 号和 39 号明显,而 3 个子流域的地表径流、地下径流、蒸散发变化趋势均一致,其中地表径流减少,地下径流增加,蒸散发在模拟峰值处减少。34 号子流域产水量修正前后变化趋势与 39 号子流域一致,在洪峰处修正后的产水量明显减少,而 36 号流域产水量变化不大。

由以上子流域模型修正前后径流模拟结果的曲线图可以看出,这 5 个子流域模型修正前后均呈现径流及蒸散发曲线基本吻合的趋势,只在洪峰处有所偏差,修正后的径流及蒸散发有所减少。结合土地利用类型及坡度图分析,13 号子流域基本处于坡度在 25°以上的区域,且耕地所占比重加大,因此水土流失严重,而该子流域地下水含水层较深,地下水开发利用困难,最终使得地表径流减少,而地下径流有所增加。17 号和 34 号子流域多位于 6°～25°的缓坡地带,且土地利用类型主要为耕地和林地,因此流域水土流失相对缓慢。通过落水洞及地下暗河进入该子流域地下含水层的速度及数量均有所减小,该流域地表径流较其他子流域减少量偏小。36 号和 39 号子流域坡度较大,流域出口多为耕地,因此水土流失严重。且该子流域地下河网发达,因此地下径流增加,而地表径流减少。总体上,模型修正后径流及蒸散发减少,地表径流通过落水洞补给到地下含水层,导致地表径流减少,而地下径流增加。

3.1.5.2　模型修正前后营养盐的对比分析

选取 13 号、17 号、34 号、36 号及 39 号子流域模型修正前后营养盐的模拟结果进行统计分析,修正前后 2019—2020 年的水质模拟结果见表 3-18、表 3-19、表 3-20、表 3-21 和表 3-22,修正前后营养盐的模拟结果对比曲线见图 3-16、图 3-17、图 3-18、图 3-19 和图 3-20。

表 3-18　13 号子流域修正前后水质模拟结果

时间/月	修正前		修正后	
	TN	TP	TN	TP
1	2 443.000	179.700	1 705.000	136.000
2	1 128.000	0.021	579.900	0.020

表 3-18(续)

时间/月	修正前		修正后	
	TN	TP	TN	TP
3	1 709.000	27.470	897.000	23.410
4	53 570.000	22 680.000	183 200.000	42 200.000
5	19 130.000	3 817.000	18 350.000	6 341.000
6	351 300.000	94 470.000	601 600.000	169 200.000
7	76 540.000	31 030.000	94 840.000	43 260.000
8	32 370.000	16 450.000	41 960.000	21 550.000
9	30 430.000	16 970.000	37 190.000	19 900.000
10	4 487.000	2 288.000	3 848.000	2 479.000
11	39 900.000	7 031.000	39 930.000	6 962.000
12	1 810.000	44.140	217.700	30.770
13	8 437.000	2 081.000	6 752.000	1 673.000
14	15 300.000	4 937.000	17 150.000	5 203.000
15	6 367.000	1 757.000	6 735.000	1 959.000
16	2 916.000	746.000	1 882.000	649.200
17	161 000.000	56 560.000	344 200.000	78 800.000
18	218 500.000	17 510.000	178 600.000	44 240.000
19	81 620.000	36 680.000	78 240.000	39 000.000
20	2 289.000	0.099	16.740	0.429
21	3 868.000	1 820.000	3 301.000	2 138.000
22	3 294.000	1 635.000	2 801.000	1 815.000
23	1 039.000	175.100	308.100	171.400
24	1 584.000	7.263	53.520	5.048

表 3-19　17 号子流域修正前后水质模拟结果

时间/月	修正前		修正后	
	TN	TP	TN	TP
1	423.400	68.690	372.700	60.840
2	159.000	0.004	92.930	0.004
3	284.200	17.620	197.000	23.120
4	13 420.000	7 313.000	34 080.000	10 960.000

表 3-19（续）

时间/月	修正前		修正后	
	TN	TP	TN	TP
5	4 868.000	1 958.000	4 749.000	2 006.000
6	57 620.000	23 420.000	68 330.000	26 920.000
7	15 210.000	8 403.000	16 930.000	9 235.000
8	7 961.000	4 781.000	8 953.000	5 437.000
9	6 822.000	4 387.000	6 784.000	4 621.000
10	1 333.000	882.100	1 296.000	951.000
11	8 189.000	1 653.000	8 056.000	1 634.000
12	244.400	4.943	21.860	5.058
13	2 025.000	569.800	1 732.000	497.800
14	3 915.000	1 397.000	3 658.000	1 310.000
15	1 747.000	616.700	1 347.000	531.800
16	784.700	285.100	591.700	243.900
17	33 080.000	16 960.000	60 790.000	21 760.000
18	53 170.000	7 943.000	51 750.000	12 470.000
19	19 080.000	11 750.000	17 960.000	12 440.000
20	377.100	0.039	3.839	0.067
21	1 284.000	758.600	1 279.000	855.000
22	965.800	591.600	857.700	605.600
23	236.400	79.110	110.700	79.560
24	185.600	0.055	1.289	0.053

表 3-20　34 号子流域修正前后水质模拟结果

时间/月	修正前		修正后	
	TN	TP	TN	TP
1	445.500	141.100	420.100	135.700
2	47.670	0.024	0.730	0.016
3	192.200	40.330	170.700	53.010
4	25 250.000	13 940.000	78 190.000	23 270.000
5	6 252.000	3 200.000	7 160.000	3 279.000
6	56 560.000	18 530.000	116 500.000	34 690.000

表 3-20(续)

时间/月	修正前		修正后	
	TN	TP	TN	TP
7	12 560.000	6 015.000	31 180.000	9 918.000
8	8 325.000	3 850.000	21 030.000	6 637.000
9	6 055.000	3 090.000	11 720.000	4 341.000
10	1 443.000	665.200	1 791.000	790.700
11	15 790.000	2 963.000	15 500.000	2 932.000
12	317.400	8.715	35.170	9.218
13	3 135.000	951.200	3 022.000	936.300
14	6 828.000	2 530.000	6 489.000	2 386.000
15	2 973.000	1 165.000	2 603.000	1 013.000
16	1 168.000	509.700	1 067.000	476.000
17	38 510.000	20 850.000	85 930.000	28 770.000
18	81 110.000	5 338.000	75 520.000	11 800.000
19	13 180.000	6 614.000	20 000.000	8 393.000
20	668.200	0.003	2.720	0.058
21	1 625.000	659.700	1 597.000	767.700
22	1 072.000	496.700	898.800	507.600
23	306.700	59.330	105.800	58.370
24	222.400	0.095	0.973	0.091

表 3-21　36 号子流域修正前后水质模拟结果

时间/月	修正前		修正后	
	TN	TP	TN	TN
1	5 830.000	670.000	1 848.000	543.400
2	3 150.000	136.400	430.300	98.120
3	4 629.000	532.600	1 687.000	502.500
4	155 200.000	79 770.000	169 800.000	78 690.000
5	86 970.000	31 760.000	89 490.000	38 870.000
6	688 500.000	251 100.000	740 500.000	253 400.000
7	196 900.000	99 080.000	185 700.000	105 300.000
8	103 600.000	58 070.000	99 950.000	59 950.000

表 3-21（续）

时间/月	修正前		修正后	
	TN	TP	TN	TN
9	96 350.000	56 050.000	92 860.000	59 430.000
10	35 710.000	13 160.000	38 430.000	15 530.000
11	105 300.000	20 110.000	96 640.000	18 920.000
12	3 755.000	214.200	807.700	189.300
13	21 430.000	5 879.000	16 200.000	4 918.000
14	38 940.000	13 120.000	29 960.000	11 340.000
15	16 130.000	5 009.000	10 130.000	4 080.000
16	7 829.000	2 395.000	4 560.000	1 972.000
17	360 000.000	163 900.000	396 100.000	153 100.000
18	578 300.000	74 310.000	619 400.000	92 220.000
19	261 500.000	136 900.000	271 000.000	142 700.000
20	5 504.000	73.040	351.900	114.800
21	29 420.000	11 100.000	26 120.000	12 070.000
22	24 080.000	9 064.000	19 570.000	8 810.000
23	6 262.000	1 450.000	3 814.000	1 302.000
24	3 383.000	138.700	599.600	103.700

表 3-22　39 号子流域修正前后水质模拟结果

时间/月	修正前		修正后	
	TN	TP	TN	TP
1	6 183.000	777.300	2 139.000	667.300
2	3 295.000	130.300	404.400	93.370
3	4 790.000	557.800	1 759.000	548.500
4	153 800.000	73 780.000	262 200.000	87 970.000
5	89 250.000	32 500.000	107 600.000	48 440.000
6	722 200.000	268 300.000	833 100.000	314 800.000
7	207 100.000	105 600.000	238 700.000	121 700.000

表 3-22（续）

时间/月	修正前		修正后	
	TN	TP	TN	TP
8	111 200.000	62 620.000	133 000.000	67 250.000
9	101 700.000	59 700.000	119 000.000	69 840.000
10	32 360.000	12 750.000	35 390.000	14 980.000
11	94 910.000	17 770.000	99 310.000	19 060.000
12	4 211.000	224.300	840.500	202.000
13	21 690.000	5 971.000	16 630.000	5 191.000
14	41 520.000	14 090.000	31 980.000	11 800.000
15	16 380.000	4 847.000	10 280.000	4 057.000
16	7 891.000	2 342.000	4 831.000	2 132.000
17	374 600.000	180 800.000	501 000.000	189 800.000
18	651 800.000	79 790.000	723 000.000	117 200.000
19	275 500.000	147 200.000	295 500.000	157 400.000
20	6 629.000	54.870	405.800	276.500
21	29 220.000	11 390.000	29 900.000	12 530.000
22	23 030.000	8 855.000	28 730.000	8 787.000
23	6 153.000	1 352.000	3 557.000	1 270.000
24	3 724.000	134.300	568.700	99.670

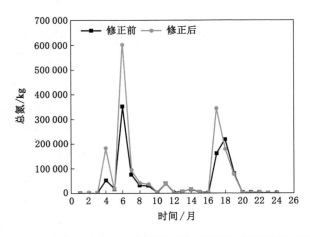

图 3-16　13 号子流域模型修正前后营养盐模拟结果对比

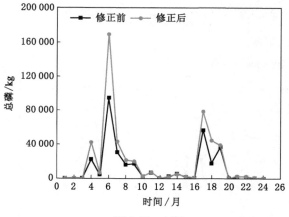

图 3-16 （续）

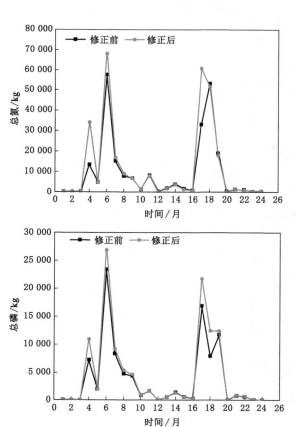

图 3-17 17 号子流域模型修正前后营养盐模拟结果对比

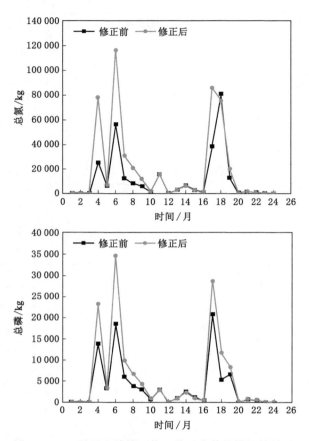

图 3-18　34 号子流域模型修正前后营养盐模拟结果对比

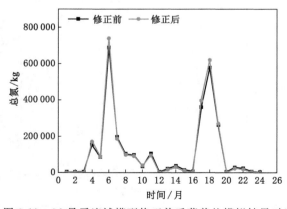

图 3-19　36 号子流域模型修正前后营养盐模拟结果对比

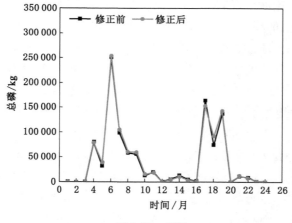

图 3-19　（续）

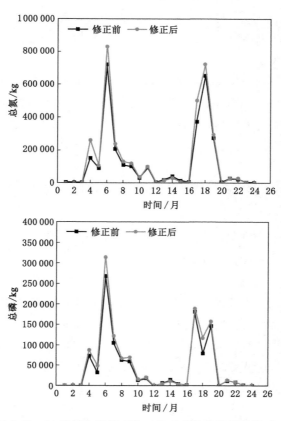

图 3-20　39 号子流域模型修正前后营养盐模拟结果对比

由表 3-18～表 3-22 及图 3-16～图 3-20 可知,模型修正后各子流域总氮(TN)和总磷(TP)的模拟负荷在不同的时间有增加也有减少。13 号、17 号及 34 号子流域在丰水期增加显著,与模型修正前相比,修正后总氮(TN)的月均模拟值在 2019 年 6 月分别增加了 25.03 万 t、1.07 万 t 和 5.99 万 t,在 2020 年 5 月分别增加了 18.32 万 t、2.77 万 t 和 4.74 万 t,修正后总磷(TP)的月均模拟值在 2019 年 6 月分别增加了 7.47 万 t、0.35 万 t 和 1.62 万 t,在 2020 年 5 月分别增加了 2.22 万 t、0.48 万 t 和 0.79 万 t。13 号子流域总氮(TN)和总磷(TP)负荷增量较多,主要是因为研究区坡度大,受岩溶地貌影响,水土流失严重,土壤贫瘠,土壤肥力不足,而区域内耕地面积又较多,因此农田中使用的大量农药、化肥等造成的污染严重,从而导致非点源污染负荷增加。模型修正后这 3 个子流域的曲线在 2019 年 4 月份均有一个明显的凸起,这是因为该月降水量骤增,雨水冲刷能力较强使得流域污染负荷加剧。36 号和 39 号子流域修正前后变化趋势基本一致,但变化量较小,这与流域落水洞水文响应单元所占子流域面积较小以及修正的支流 CH_K(1) 的值较小有关。岩溶流域所占比重较小对流域污染负荷产生的影响也较小。

由以上子流域模型修正前后营养盐模拟结果的曲线图可以看出,这 5 个子流域模型修正后总氮(TN)和总磷(TP)的负荷均呈增加的趋势,说明引入岩溶特征变量对模型进行修正后,岩溶特征变量总体上增加了各子流域的污染负荷,这与赖格英等(2018)在江西省横港河流域的研究结果相一致。

3.2 土地利用类型和气候变化对非点源污染影响研究

3.2.1 土地利用类型和气候变化对非点源污染影响研究

3.2.1.1 土地利用类型和气候变化分析

由表 3-23 可知,桐梓河流域土地利用类型以耕地、林地和草地为主,2011 年和 2020 年这三者比重均占流域总面积的 95％以上,其中林地面积占流域总面积的 66％以上,耕地面积占流域总面积的 27％以上。与 2011 年土地利用类型相比,2020 年耕地和林地均有所减少,减少面积分别为 5.652 km² 和 2.681 km²,而草地增加了 0.427 km²,建设用地相对来说增加显著,增加了 7.906 km²,说明研究区内城镇建设发展迅速。

表 3-23　2010—2020 年桐梓河流域土地利用类型变化

土地利用类型	2011 年		2020 年		2011—2020 年变化面积/km²
	面积/km²	比重/%	面积/km²	比重/%	
耕地	895.667	27.69	890.015	27.516	−5.652
林地	2 141.588	66.209	2 138.907	66.126	−2.681
草地	177.519	5.488	177.946	5.501	0.427
水体	10.725	0.332	10.725	0.332	0
建设用地	9.086	0.281	16.992	0.525	7.906

气象要素(主要是降水及气温)是影响流域水文循环过程的重要因子之一。图 3-21 显示了桐梓河流域 2011—2020 年平均降水量、平均气温、平均最高气温及平均最低气温变化情况。桐梓河流域 2011—2020 年多年平均降水量为 1 004.79 mm,年平均最低气温为 12.86 ℃,平均最高气温为 19.4 ℃,平均气温为 15.5 ℃。2011—2015 年,气候变化起伏较大,其中 2013 年平均最高气温、平均最低气温以及平均气温均达到最大值,而平均降水量明显减少,比 2011—2015 年多年平均降水量减少了 282.69 mm;2014 年气温与 2013 年相比有所降低,但平均降水量达到最大值,为 1 398.70 mm。与 2011—2015 年的气象数据相比,2016—2020 年研究区年平均气温大约增加了 0.3 ℃,气温变化不显著,但平均降水量显著增加,大约增加了 11.2%。

3.2.1.2　土地利用类型和气候变化对非点源污染的影响研究

基于修正的 SWAT 模型设置 4 种情景模式来定量分析土地利用类型和气候变化对流域非点源污染的影响。根据研究区 2011—2020 年的气象数据,为保证采用的气象数据时间序列一致以及与两期土地利用类型相匹配,选择 2015 年作为划分气象数据的时间点。情景 1 采用 2011 年土地利用数据和 2011—2015 年气象数据,将该情景设置为基准期;情景 2 即土地利用类型变化情景,其他条件保持不变,将情景 1 中 2011 年土地利用数据替换为 2020 年土地利用数据;情景 3 则保持 2011 年土地利用数据不变,采用 2016—2020 年气象数据作为气候变化情景;情景 4 同时改变土地利用和气象数据,采用 2020 年土地利用数据和 2016—2020 年气象数据作为共同作用下情景模式,具体设置见表 3-24。

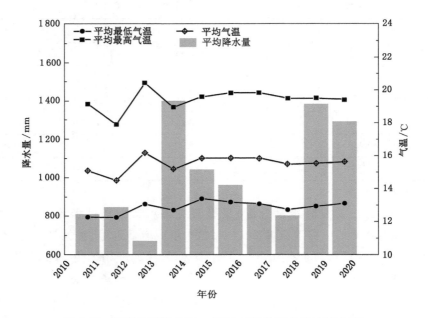

图 3-21　桐梓河流域 2011—2020 年平均降水量、平均气温、
平均最高气温、平均最低气温变化

表 3-24　桐梓河流域土地利用与气候情景设置

情景设置	土地利用数据	气象数据
情景 1（基准期）	2011 年 LUCC	2011—2015 年
情景 2（土地利用类型变化）	2020 年 LUCC	2011—2015 年
情景 3（气候变化）	2011 年 LUCC	2016—2020 年
情景 4（土地利用类型与气候共同变化）	2020 年 LUCC	2016—2020 年

根据以上情景设置，使用修正后的 SWAT 模型对流域土地利用类型和气候变化的非点源污染进行定量模拟研究。

根据情景 1 与情景 2 的模拟结果可知，土地利用类型变化情景下，多年平均地表径流和产水量分别增加了 14.480 mm 和 1.402 mm，多年平均地下径流和蒸散发分别减少了 37.999 mm 和 0.923 mm，并计算得出部分子流域各水文要素的变化量（表 3-25）。

表 3-25　土地利用类型变化情景下子流域各水文要素变化量

子流域	地表径流 /mm	地下径流 /mm	产水量 /mm	蒸散发 /mm	总氮 /万 t	总磷 /万 t
13 号	−0.181	−18.262	−17.090	0.001	39.852	7.320
17 号	0.031	−2.240	−2.301	0.062	−0.131	0.000
34 号	0.035	−0.017	−0.003	0.002	0.000	0.000
36 号	−0.051	4.103	5.195	−0.001	5.316	0.974
39 号	0.168	−0.677	−0.871	−0.010	6.594	1.142

　　根据土地利用转移矩阵得到增加岩溶特征的 13 号、17 号、34 号、36 号和 39 号这 5 个子流域对应的土地利用转移类型及面积,具体见表 3-26。由表 3-26 可知,2011—2020 年,耕地、林地、灌木林、草地和建设用地之间转换频率较高,其中 13 号、17 号以及 34 号子流域耕地转换成林地、灌木林以及草地的面积大致等于该子流域林地、灌木林、草地转换为耕地的面积,耕地转换为建设用地的面积分别为 0.161 km², 0.275 km² 以及 0.014 km²。由表 3-25 可知,13 号子流域多年平均地表径流、地下径流及产水量分别减少了 0.181 mm、18.262 mm 和 17.090 mm,这可能与流域内耕地面积减少而草地面积有所增加有关,草地面积增加使得蒸散发增加,而草地枯落物对水分的吸纳使得地表径流、地下径流减少,因此 13 号子流域产水量总体减少,这与杨李艳(2018)的研究结果一致。17 号和 34 号子流域水文要素变化趋势一致,均呈现地表径流增加而地下径流和产水量减少的趋势,这可能与该流域耕地转换为建设用地有关。结合表 3-23 中 2011—2020 年桐梓河流域土地利用类型变化情况,研究区林地及草地整体覆盖面积大,保持水土涵养水源能力强,建设用地面积增加对径流的影响不显著,这与渠勇建等(2019)的研究结果一致。但研究区非点源污染负荷增加较大,13 号子流域总氮(TN)和总磷(TP)的污染负荷量分别增加了 39.852 万 t 和 7.320 万 t,36 号及 39 号子流域总氮(TN)和总磷(TP)的污染负荷量也有所增加,但总体上流域土地利用类型变化不显著,对非点源污染负荷的影响也较小。

表 3-26　子流域土地利用转移类型及面积

转换类型	子流域面积/km²				
	13 号	17 号	34 号	36 号	39 号
耕地转林地	0.427	0.093	0.428	0.063	0.019
耕地转灌木林	1.337	0.660	0.367	0.316	0.151

表 3-26(续)

转换类型	子流域面积/km²				
	13 号	17 号	34 号	36 号	39 号
耕地转草地	0.209	0.096	0.034	0.149	0.035
耕地转建设用地	0.161	0.275	0.014	0.000	0.000
林地转耕地	0.375	0.096	0.401	0.060	0.014
灌木林转耕地	1.318	0.626	0.413	0.311	0.196
草地转耕地	0.138	0.097	0.034	0.143	0.050

气候变化对水文要素的影响主要表现在气温和降水两个方面。与 2011—2015 年气象数据相比,2016—2020 年研究区年气温变化不显著,但年降水量有显著增加。图 3-22 显示了气候变化情景下各水文要素模拟结果的空间分布。多年平均径流较大的子流域主要集中在西部地区,特别是 11 号、15 号、18 号、21 号和

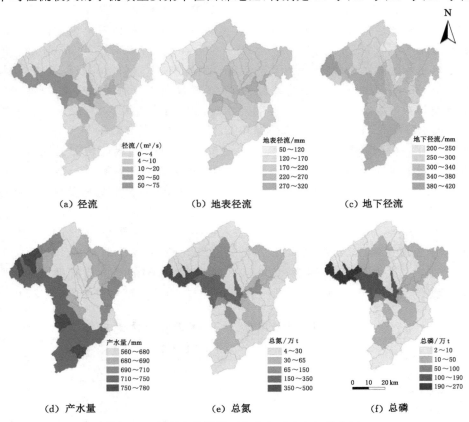

（a）径流　　　　　（b）地表径流　　　　　（c）地下径流

（d）产水量　　　　　（e）总氮　　　　　（f）总磷

图 3-22　气候变化情景下各水文要素空间分布图

38 号子流域,其余地区径流较小,这可能与流域西部地区降水量大、降水集中有关;地表径流大的区域主要集中在中部地区,特别是 23 号、32 号、34 号、36 号以及 40 号子流域,其年均地表径流均超过 270 mm,流域地表径流大与该地区降水量大有关,这与李文婷等(2022)的研究结果相一致;地下径流大的区域为流域下游,主要分布在 14 号、18 号和 19 号子流域,这可能是因为这些子流域多分布在岩溶裂隙发育的地区,透水能力较强,因此流域地下径流大,这与覃自阳等(2020)的研究结果相一致;产水量较多的子流域大都分布在西部降水较多的区域;而非点源污染总氮和总磷负荷大的地区分布与径流分布一致,主要集中在下游 11 号、15 号、18 号以及 21 号子流域,其总氮年均负荷超过 320 万 t,总磷年均负荷超过 190 万 t。总体上桐梓河流域多年平均径流最大的子流域与污染物负荷大的子流域分布一致,均在流域下游,而地表径流、地下径流以及产水量的分布与径流分布并不一致。

土地利用类型与气候共同变化情景下各水文要素空间分布如图 3-23 所示,研究区多年平均径流量、总氮污染负荷和总磷污染负荷较大的区域主要集中在下游 11 号、15 号、18 号、21 号和 38 号子流域;地表径流大的地区主要是中部地区,而地下径流和产水量大的区域集中分布在西部地区,特别是下游 14 号、18 号、19 号子流域地下径流均在 380 mm 以上。土地利用类型与气候共同变化情景下各水文要素空间分布趋势与气候变化情景下的大体一致,这主要是因为土地利用类型变化不显著,对流域水文过程影响较小,而气候变化对流域水文过程的影响较大,这与韩冬冬等(2019)的研究结果相一致。可针对根据空间分布获得的污染负荷贡献较大的地区制定相应的水土保持措施和非点源控制方案,开展污染防范与治理的相关工作,从而进一步提升流域的生态环境。

3.2.2 未来气候变化对非点源污染的影响研究

基于以上研究结果对未来气候变化进行预测,研究未来气候变化对非点源污染的影响。对未来气候的预测是目前国内外众多学者的研究热点,影响气候因子特别是降水、气温等的因素众多,采用何种方法对未来气候变化进行更精准的预测显得尤为重要,目前常采用的方法是增量法和基于模型法。增量法即根据研究区域气候可能变化的情况,人为地设定气温升降度数、降水量增减比例以及两种变化情况的组合,设置未来气候变化的情景。但该种方法受人为干预的影响较大,因此本研究选用 NCC/GU-WG 天气发生器模拟预测的方法,对流域内气象站点的降水、最高气温、最低气温以及日照时数进行模拟预测。

3.2.2.1 气候变化预测及精度评定

采用中国气象局国家气候中心提供的 NCC/GU-WG 天气发生器 V2.0 对未来气候变化进行模拟预测,获取气象站点未来气候的降水量、最高气温、最低气温以及日照时数。降水的模拟主要包括两个过程,即降水发生的模拟和降水量的模拟

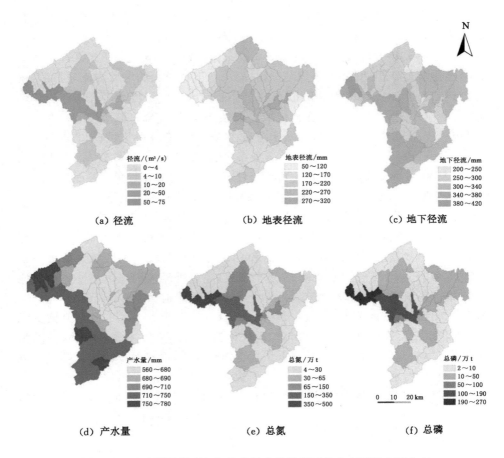

图 3-23　土地利用类型与气候共同变化情景下各水文要素空间分布

（廖要明 等，2004）。NCC/GU-WG 天气发生器采用两状态一阶马尔可夫链（first order markov chain）法产生干日、湿日序列，判别前一天有无降水发生，如果为干日则对应日降水量为 0，湿日则说明该日有降水量（郝改瑞，2021），采用两参数的伽马分布模型进行湿日降水量模拟。NCC/GU-WG 天气发生器 V2.0 采用 671 个气象站点 1960—2000 年的实测逐日数据进行模型参数的计算，其中最高气温、最低气温和日照时数等非降水变量的模拟参数分干、湿两种状态分别求取。利用此天气发生器生成研究区气象站点 2030—2050 年的日降水量、日最高气温、日最低气温和日照时数，作为流域未来气候变化情景供模型进行调用。

通过 NCC/GU-WG 天气发生器获得流域内桐梓气象站 2000—2020 年的日降水量、日最高气温、日最低气温和日照时数，与实测气象资料进行比较，并利用相对误差和 NS 来评价模型模拟的结果。2000—2020 年桐梓气象站的日降水量、日最高气温、日最低气温以及日照时数的模拟值与实测值的对比结果见表 3-27 及图 3-24。

表 3-27　桐梓气象站 2000—2020 年多年平均气候模拟结果

统计	日降水量/mm	日最高气温/℃	日最低气温/℃	日照时数/h
模拟值	2.84	20.32	12.07	3.79
实测值	2.74	19.34	12.60	2.78
相对误差/%	3.45	5.03	−4.19	36.21
NS	0.95	0.99	0.99	0.84

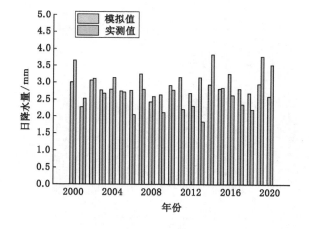

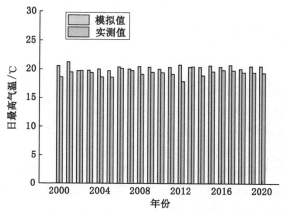

图 3-24　桐梓气象站 2000—2020 年气象数据模拟值与实测值的比较

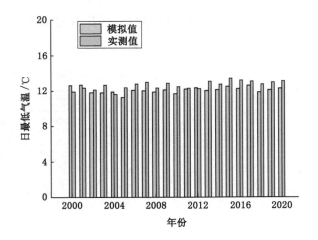

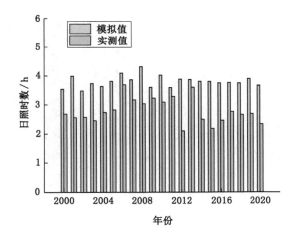

图 3-24 （续）

由表 3-27 和图 3-24 可知,由天气发生器模拟的日降水量、日最高气温、日最低气温的模拟效果很好,NS 均在 0.95 以上,相对误差为 3.45%～5.03%,特别是气温的 NS 达到 0.99,说明 NCC/GU-WG 天气发生器模拟的降水量及气温精度很高,模拟结果可靠。模拟的日照时数 NS 为 0.84,但相对误差达 36.21%,与其他 3 个指标的统计结果相比,利用天气发生器模拟日照时数的精度还有待进一步提高,但在资料缺失的情况下该模型的模拟值也可使用。以上结果表明,由 NCC/GU-WG 天气发生器模拟流域 2000—2020 年的逐日降水量、日最高气温、日最低气温以及日照时数结果可靠,可用于流域未来气候变化情景的模拟。

3.2.2.2 未来模拟分析

选择预测的 2030—2050 年以及过去的 2000—2020 年作为气候变化情景下的预测期和基准期,并对预测期及基准期的降水量、日最高气温、日最低气温和日照时数进行对比分析,见表 3-28。

表 3-28 预测期与基准期气候变化对比

气候变化情景	日降水量 /mm	年降水量 /mm	日最高气温 /℃	日最低气温 /℃	日照时数 /h
基准期	2.84	1 035.23	20.32	12.07	3.79
预测期	2.92	1 064.60	20.32	12.10	3.81
变化量	0.08	29.37	0.00	0.03	0.02

对比流域基准期和预测期的年均变化结果,可以看出预测期和基准期的年降水量变化较大,预测期年降水量比基准期增加了 29.37 mm。基准期与预测期的日最高气温相同,预测期日最低气温比基准期的增加了 0.03 ℃,增幅不大,日照时数在预测期的变化量也很小。利用天气发生器模拟未来气候变化,可为后续研究气候变化情境下的非点源污染提供基础数据。

通过天气发生器生成研究区 2030—2050 年的气候变化数据,基于修正的 SWAT 模型研究未来气候变化情景下的非点源污染负荷,并对结果进行分析。未来气候变化情景下径流的模拟结果如图 3-25 所示,未来气候变化情景下营养盐负荷的模拟结果如图 3-26 所示。

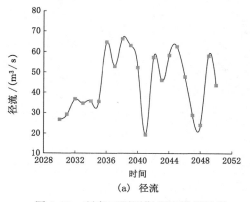

(a) 径流

图 3-25 研究区预测期径流模拟结果

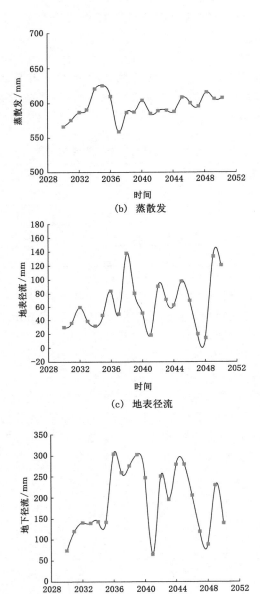

(b) 蒸散发

(c) 地表径流

(d) 地下径流

图 3-25 （续）

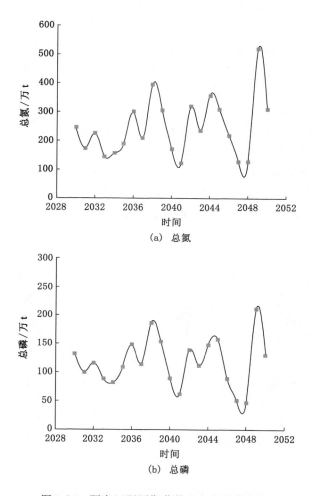

(a) 总氮

(b) 总磷

图 3-26　研究区预测期营养盐负荷的模拟结果

图 3-25 显示了在未来气候变化情景下流域 2030—2050 年的径流模拟结果,从图中可以看出未来径流增加趋势明显,地表径流和地下径流也存在大幅增减情况,特别是在未来 2041 年和 2048 年,流域水文要素有明显的减少,其中径流分别减少为 19.32 m³/s 和 24.05 m³/s,地表径流分别减少为 17.86 mm和 13.85 mm。但在 2038 年和 2049 年地表径流增长为 137.86 mm 和 133.83 mm。地下径流变化与径流变化趋势基本一致,最小值为 64.73 mm,最大值为304.19 mm。在未来气候变化情景下地表径流及地下径流总体上均呈现增加的趋势。

图 3-26 显示了在 NCC/GU-WG 天气发生器模拟的未来气候变化情景下，流域 2030—2050 年非点源污染总氮和总磷负荷的变化趋势。在预测期内流域总体上呈现污染负荷增加的趋势。2038 年和 2049 年总氮负荷增加为 395.7 万 t 和 520.1 万 t，总磷负荷达到 186.2 万 t 和 211.4 万 t，2049 年增幅最大；2041 年和 2048 年总氮和总磷负荷均有明显下降趋势。因此在未来气候变化情景下，应针对水质污染做好防护治理工作。

流域未来气候变化情景下各要素多年平均模拟结果空间分布如图 3-27 所示，由图可以看出，未来 2030—2050 年流域径流大的区域主要集中在流域西部下游地区，该地区多年平均径流在 20 m³/s 以上。地表径流大的地区主要集中分布在流域中游地区，而地下径流大的流域分布较离散。产水量较大的地区为流域南部及西部下游地区。年均总氮和总磷负荷的分布与径流分布相一致，主要集中在流域出口处。

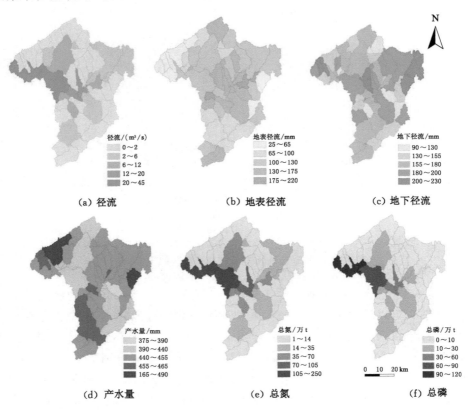

图 3-27　未来气候变化情景下各要素多年平均模拟结果空间分布

第 4 章　生态环境变化对河流水质的影响

4.1　生态环境专题信息提取

4.1.1　水质数据获取和处理

4.1.1.1　水质数据获取

（1）2013 年水质采样测试

在整个茅台酒水源地共布设 16 个枯水期采样点和 19 个丰水期采样点，并分别于 2012 年 12 月和 2013 年 7 月进行野外采样。其中 pH 值、溶解氧（DO）在野外采样时就进行现场测定，其余指标由实验室测定。采样点各水质指标如图 4-1 和图 4-2 所示。对水样进行分析测试的指标包括：pH 值、溶解氧（DO）、总磷（TP）、总氮（TN）、化学需氧量（COD）、氨氮（NH_3-N）。

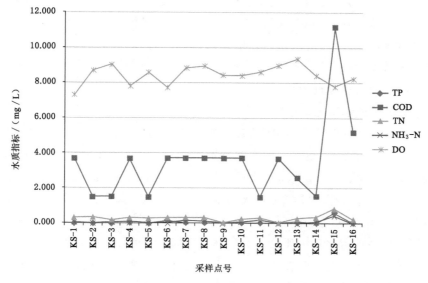

图 4-1　枯水期采样点各水质指标

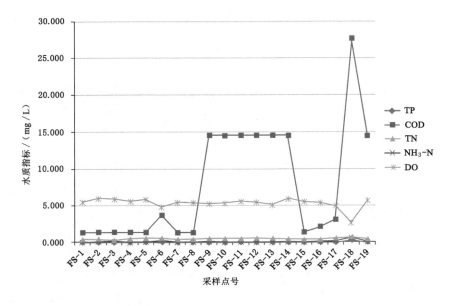

图 4-2　丰水期采样点各水质指标

（2）其他时段水质数据的获取

本研究从贵州省生态环境厅水环境处，获取了茅台酒厂取水口所在处的小河口断面和茅台断面 2001 年到 2012 年的水质检测数据，以及赤水河贵州省境内 5 个常规监测断面（清水铺、清池、黄歧坳、小河口和茅台）2009 年和 2013 年水质检测数据。

4.1.1.2　水质综合指数构建

（1）单因子水质标识指数

由于经过多年的保护性开发，茅台酒水源地的水质较好，基本为 II 类以内，而要做定量研究，就需要在同一水质类别内进一步区分水质的优劣。因此，在构建水质综合指数时，本书先把各水质指标转换成单因子水质标识指数，再结合权重值获得基于单因子水质标识指数的水质综合指数，单因子水质标识指数中各参数及算法如表 4-1 所示。

国家相关地表水环境质量标准基本项目标准限值如表 4-2 所示。水质综合指数中涵盖了水质类别和在该水质类别内的相对位置等信息，故用该指数就可以更加清晰、明确、细致地表示出河流的总体水质状况。

表 4-1　单因子水质标识指数中各参数及算法说明

$P_i = X_1 X_2 X_3$	X_i 代表第 i 项水质指标的水质类别			
	X_2 代表监测数据在 X_1 类水质变化区间中所处的位置	X_2 的确定	对于非溶解氧指标 $$X_2 = \frac{\rho_i - \rho_{ik下}}{\rho_{ik上} - \rho_{ik下}} \times 10$$	ρ_i 为第 i 项指标的实测质量浓度；$\rho_{ik下}$ 为第 i 项水质指标第 k 类水区间质量浓度的下限值；$\rho_{ik上}$ 为第 i 项水质指标第 k 类水区间质量浓度的上限值
			对于溶解氧指标 $$X_2 = \frac{\rho_{DOk上} - \rho_{DO}}{\rho_{DOk上} - \rho_{DOk下}} \times 10$$	ρ_{DO} 为溶解氧的实测质量浓度；$\rho_{DOk上}$ 为第 k 类水中溶解氧质量浓度高的区间边界值；$\rho_{DOk下}$ 为第 k 类水中溶解氧质量浓度低的区间边界值
	X_3 代表水质类别与功能区划设定类别的比较结果	X_3 的确定	如果水质类别好于或达到功能区类别，则有 $X_3 = 0$	
			水质类别差于功能区类别且 X_2 不为零，则有 $X_3 = X_1 - f_i$	f_i 为水环境功能区类别
			如果水质类别差于功能区类别且 X_2 为零，则有 $X_3 = X_1 - f_{i-1}$	

表 4-2　相关地表水环境质量标准基本项目标准限值

单位：mg/L

序号	项目	分类				
		Ⅰ类	Ⅱ类	Ⅲ类	Ⅳ类	Ⅴ类
1	pH 值（无量纲）	6～9				
2	溶解氧 ≥	7.5	6	5	3	2
3	化学需氧量（COD）≤	15	15	20	30	40
4	氨氮 ≤	0.15	0.5	1	1.5	2
5	总磷 ≤	0.02	0.1	0.2	0.3	0.4
6	总氮 ≤	0.2	0.5	1	1.5	2

（2）综合水质权重的求解

综合水质权重的求解是将层次分析法、熵权法、超标加权法所得的各种权重求算数平均值，即可求得区内各个单项指标的组合权重，如表 4-3 所示（安艳玲等，2015）。

表 4-3   研究区综合水质权重

组合权重	TN	TP	COD	NH₃-N	DO
枯水期	0.181 5	0.369 6	0.133 6	0.205 2	0.110 1
丰水期	0.162 7	0.364 2	0.156 3	0.168 6	0.148 2

（3）各采样点水质综合指数的时空变化

先将各采样点的水质指标转换成单因子水质标识指数,在这个基础上对各单因子水质标识指数乘以相应的权重值再相加,求得枯水期和丰水期各采样点的水质综合指数如图 4-3 和图 4-4 所示。

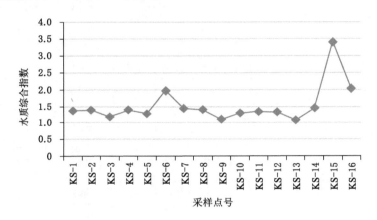

图 4-3   枯水期各采样点水质综合指数

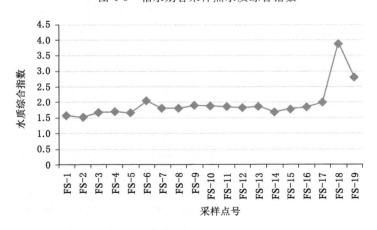

图 4-4   丰水期各采样点水质综合指数

水质综合指数越大,说明水质越差。由图 4-3 和图 4-4 可知,除贵州省仁怀市下游的盐津河支流上采集的枯水期 KS-15 号和丰水期 FS-18 号采样点水质超过Ⅲ类以外,其他各采样点的综合水质均在Ⅱ类以下。另外,茅台镇所在的枯水期 KS-16 号和丰水期 FS-19 号采样点,以及位于威信县下游的 KS-6 号和 FS-6 号采样点的综合水质指数均大于其他Ⅱ类水质以下的各采样点。对比发现,研究区枯水期的水质总体上优于丰水期的水质。与季节性有关的因素主要是降水量和作物种植,由于研究区降水量的年际变化较大且年内分配不均,丰水期多暴雨,因此丰水期雨水对土壤中化肥、农药及农家肥的冲刷作用更加明显。

4.1.2 坡度信息提取

在对 DEM 进行拼接、裁剪等相应预处理后,在 ArcGIS 中采用 3×3 的移动窗口估算中心像元的坡度,从而生成整个研究区坡度图。由图 4-5 可见,研究区坡度变化比较大,坡度范围为 0°～74.8°,坡度均值为 17.2°。从分布情况看,研究区赤水河河道及其支流周边地势较为陡峭。提取出的坡度将为后续提取水土流失、坡耕地等研究提供基础数据。

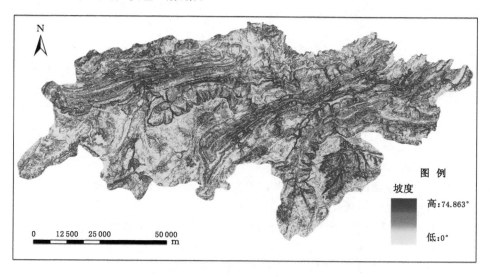

图 4-5 研究区坡度分布

4.1.3 流域信息提取

GIS 的流域分析是在地形上追踪地表水的流向和轨迹。本研究在 ArcGIS 的水文分析模块中,基于 DEM 提取河网并划分流域。

4.1.3.1 河网提取

本书利用 ArcGIS 水文分析工具提取河网,首先用水文分析模块的 Fill 工具对已经预处理过的研究区 DEM 进行洼地填充得到无洼地 DEM;其次,通过水文表面分析工具中的 Flow Direction 函数确定水流方向,并利用 Flow Accumulation 模块由水流方向计算汇流累积量;再次,通过反复实践确定合适的阈值生成栅格河网;最后,通过 Stream to Feature 工具将生成栅格河网转换成矢量河网,提取的河网如图 4-6 所示。

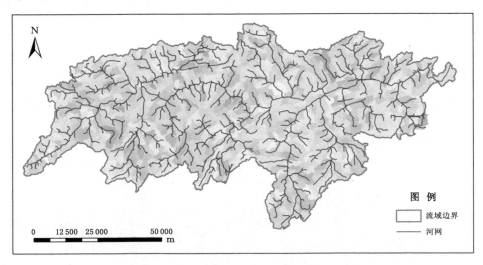

图 4-6　研究区河网与子流域划分

4.1.3.2　流域划分

流域划分包括研究区范围提取和子流域划分。本研究区流域范围是从云南省赤水河流域源头到贵州省茅台镇。在对 DEM 数据进行洼地填充和计算水流方向的基础上,通过 Basin 命令进行流域盆地的提取,得到本书茅台酒水源地的研究范围,计算得出研究区流域面积为 7 363.4 km²。

本书以子流域为研究尺度,研究生态环境要素与河流水质间的相关关系,并建立预测模型。子流域的划分是在已经获得栅格河网和水流方向文件的基础上,根据汇水口和出水口将流域划分成小的集水区域。研究区子流域的划分如图 4-6 所示,共将研究区划分成 1 058 个子流域。

4.1.4　遥感数据处理

在预处理的基础上,本研究选定的 OLI 影像和 TM 影像分别有 9 个波段和 6 个波段(除了热红外波段),每个波段包含的信息的侧重面和对地物的反映程

度都不同。通过统计遥感影像各波段的信息量和波段间的相关系数,得出:①
蓝光波段反射率 ρ_{blue}、绿光波段反射率 ρ_{green} 相关系数较高,说明波段所包含的信息量有很大重复性,不宜同时应用;2 个短波红外波段反射率 ρ_{mir1} 和 ρ_{mir2} 也存在同样的问题。② 近红外波段反射率 ρ_{nir} 与其他波段的相关性小,信息独立性大。通过计算综合最佳指数(OIF)得到任意 3 个波段包含的信息量,再结合最佳目视效果和已有研究经验,确定 OLI654/TM543 波段 RGB 假彩色合成影像为提取土地利用的主要合成方式,合成后 1988 年、2001 年及 2013 年研究区影像如图 4-7、图 4-8、图 4-9 所示。另外,标准假彩色合成影像在提取植被方面有独特的优势,故在提取林地和植被覆盖度信息时采用 OLI543/TM432 波段的标准假彩色合成。

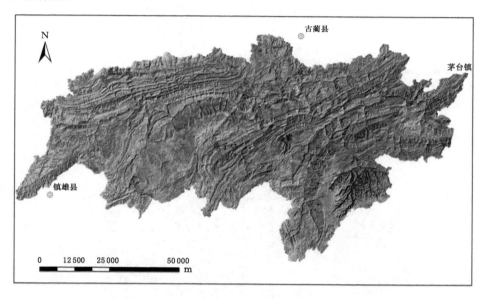

图 4-7　1988 年 9 月 15 日 TM543 波段假彩色合成影像

4.1.5　植被覆盖信息提取

植被是衡量区域生态环境的重要指标,植被对流域水源涵养、水土流失防治、空气净化及区域气候调节均有重要作用。本研究同样将植被覆盖信息作为研究区生态环境的一个重要因素来提取。

4.1.5.1　植被指数提取

植被指数(vegetation index)是对植被有一定指示意义的各种指数的统称,是遥感数据的不同波段根据波段特性按照一定的运算法则组合而成的,比任何

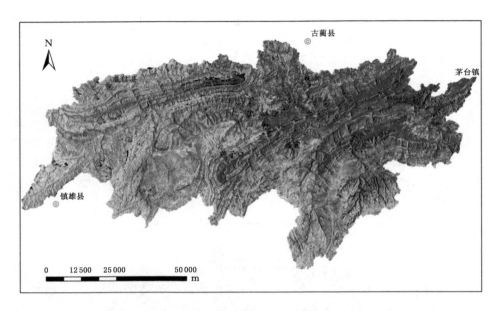

图 4-8　2001 年 6 月 15 日 TM543 波段假彩色合成影像

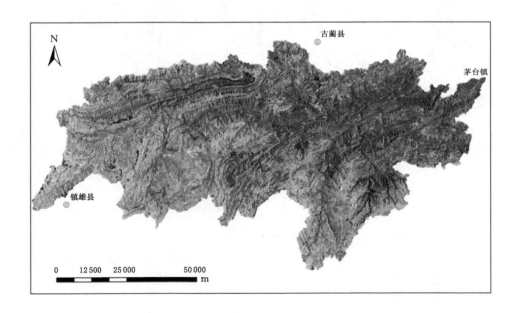

图 4-9　2013 年 6 月 6 日 OLI654 波段假彩色合成影像

单波段数据都更能反映植被生长状况的比值结果。其中归一化植被指数（NDVI），又称为标准化植被指数，被认为是植被生长状态和植被空间分布的最好的指示指标，常常用于大区域植被检测。

$$I_{NDV} = (N_{ir} - R_{ed})/(N_{ir} - R_{ed}) \qquad (4-1)$$

式中，R_{ed} 和 N_{ir} 分别为可见光红色波段和近红外波段反射值。I_{NDV} 的取值范围为 $[-1, 1]$，值越大植被覆盖越好。当 I_{NDV} 小于 0 时，对应地物一般为云、雪、裸岩等地表覆被；当 I_{NDV} 等于 0 时，对应的是裸土和岩石等；当 I_{NDV} 介于 0 和 1 之间时，则地面有植被覆盖。

4.1.5.2　植被盖度反演

由于植被指数不能直接表示植被覆盖程度，故通常会将植被指数转换成植被覆盖度。利用植被指数提取植被覆盖度的方法主要有经验模型法和像元二分模型法。经验模型法首先要建立遥感信息和地面实测的植被覆盖度之间的估算模型，将建立的模型推广到全研究区，然后计算植被覆盖度。像元二分模型认为图像上的一个像元其实是由许多部分构成的，每个部分的信息都是遥感传感器观测到的一部分，所以建立像元二分模型，用此模型计算植被覆盖度。本书根据像元二分模型法的理论，将 NDVI 转换成植被覆盖度。

按照像元二分模型法的原理，可将每个像元的 NDVI 表示为有植被覆盖地表和无植被覆盖地表组成的形式，所以，提取植被覆盖度的公式为：

$$F_C = (I_{NDV} - I_{NDV_{soil}})/(I_{NDV_{veg}} - I_{NDV_{soil}}) \qquad (4-2)$$

式中，F_C 为植被覆盖度；$I_{NDV_{soil}}$ 为裸土对应的 NDVI 值；$I_{NDV_{veg}}$ 为纯植被覆盖像元的 NDVI 值。利用这个模型计算植被覆盖度的关键是计算 $I_{NDV_{soil}}$ 和 $I_{NDV_{veg}}$。一般情况下，NDVI 值较真实地反映了遥感影像上植被的分布，但是，由于不可避免存在的噪声，NDVI 值无法完全分离植被与土壤的影响，无论是裸土还是部分植被覆盖的像元，其 NDVI 值都可能是一个比较小的整数。在没有实测数据的情况下，通常是根据图像的具体情况来确定 NDVI$_{max}$ 和 NDVI$_{min}$。

本研究在确定更为有效的 NDVI$_{max}$ 和 NDVI$_{min}$ 时，对于 NDVI$_{min}$ 要通过反复与研究区多波段合成影像相比较，找到裸土对应的 NDVI 值。而对于 NDVI$_{max}$ 为了避免个别噪声对像元的影响，要选择 NDVI 的像元个数首次低于 100 个时对应的 NDVI 值。由于 NDVI 值呈正态分布，越靠近两端数值越小，这样做可以去除与植被无关的极值，又不会过多地去除有效值而影响分析结果。各时相影像的 NDVI$_{max}$ 和 NDVI$_{min}$ 如表 4-4 所示，由此得到研究区植被覆盖度，如图 4-10～图 4-12 所示。

表 4-4　1988 年、2001 年和 2013 年 NDVI$_{max}$ 和 NDVI$_{min}$

NDVI	年份		
	1988	2001	2013
NDVI$_{max}$	0.995	0.887	0.089
NDVI$_{min}$	0.014	0.077 8	0.034 7

图 4-10　研究区 1988 年植被覆盖度

4.1.6　土地利用信息提取

不同地物的波谱信息被存储和记录在遥感影像中,而遥感图像信息的提取过程实质上就是遥感影像的分类过程。地面同一类地物的像元点在多光谱空间内的位置有聚类的倾向。按照这种聚类特性,通过选择特征参数,将特征空间划分为互不重叠的子空间,然后以此为样板将影像内各像元划分到各个子空间中去实现分类(蔡宏,2006)。为了提高分类精度本书采用了基于监督分类的多层次地类提取法,即根据不同的地物类型选择不同的波段组合,提取出一类掩膜掉一类,最终实现分类,再将分类结果叠加。

首先在 TM543 波段上提取建设用地和水体,由于研究区影像上有不同级别的水体,通过反复实验和对比发现,建设用地可以一次性提取出,但如果一次性将所有的水体都提取出来会误提取部分耕地(水田),所以依据水体的细小程

图 4-11 研究区 2001 年植被覆盖度

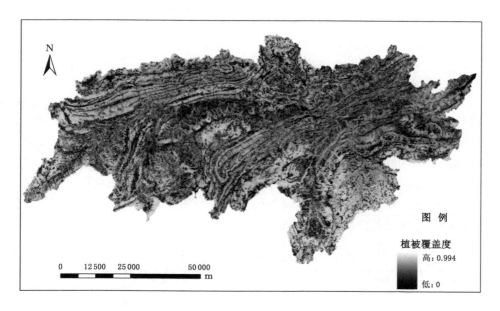

图 4-12 研究区 2013 年植被覆盖度

度分两次提取。第一次提取出建设用地和主要的水体,经过精度检查后,用已经提取出的水体和建设用地对影像进行掩膜,对剩余的影像再次提取细小水体,这样就得到了完整的水体;再用完整的水体和建设用地对影像再次掩膜,将得到的影像变换到 TM432 波段组合,分出林地和非林地;再用林地对影像进行掩膜,将剩余影像重新显示为 TM543 波段,在其上分出灌草、耕地;再用耕地和灌草进行掩膜,在剩余影像上提取未利用土地,区分剩余林地、剩余耕地和剩余灌草;最后将各次提取的地类叠加、重编码,得到研究最终土地利用图,并进行分类精度的评价。基于监督分类的分层提取法流程图如图 4-13 所示。

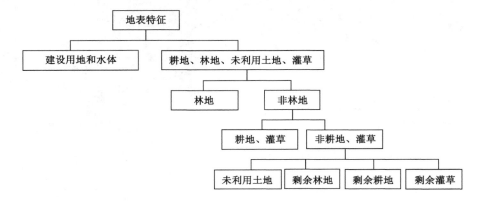

图 4-13　基于监督分类的分层提取法流程图

4.1.6.1　建立地表覆盖分类体系

建立适当的图像分类体系是进行遥感图像分类的重要依据和基础,在实际应用过程中既要充分考虑遥感影像的实际可解能力、土地的用途、利用的方式、经营方式和覆盖特征等,又要适当地符合标准的土地利用/覆盖分类体系(蔡宏,2006)。本书中地表覆盖分类体系的建立主要参考了《土地利用现状分类》(GB/T 21010—2017)及前期的研究区水质与土地利用类型的相关性研究成果,并且根据 2013 年 11 月野外实地调查的成果结合影像的光谱特征,建立了研究区土地利用/覆盖的分类体系,见表 4-5。

表 4-5　研究区土地利用/覆盖分类体系

一级类	备注	含义
01 耕地	包括旱地和水田	指种植农作物的土地,包括熟耕地、新开荒地、休闲地、轮歇地、草田轮作地;以种植农作物为主的农果、农桑、农林用地

表 4-5(续)

一级类	备注	含义
02 林地	包括有林地和灌木林地	指生长乔木、灌木、竹类等林业用地
03 灌草	包括草地和灌丛	指以生长草本植物为主,覆盖度在 5% 以上的各类草地,包括以牧为主的灌丛草地和郁闭度在 10% 以下的疏林草地
04 水体	包括河流湖泊	指天然陆地水域和水利设施用地
05 城镇村及工矿用地	包括城市、村庄、道路交通及工矿用地	指城市居民点,以及城市连片的区、县级政府所在地镇级辖区内的商服、住宅、工业、仓储、机关、学校等单位用地;农村居民点,以及所属的商服、住宅、工矿、工业、仓储、学校等用地;城乡居民点及县镇以外的工矿、交通等用地
06 未利用地	包括裸土地和裸岩地	指地表土质覆盖、植被覆盖度在 5% 以下的裸土地;地表为岩石或石砾,其覆盖面积 >5% 的裸岩石砾地

4.1.6.2　建立土地利用解译标志

遥感解译标志通常以研究区影像中地物的大小、形状、色调、阴影、颜色、纹理、图案、位置等影像特征为基础,结合 TM/OLI 遥感影像中各种地物的光谱特征并参照野外实地调查和已有的土地利用信息数据建立。TM/OLI 土地利用分类解译标志见表 4-6。

表 4-6　TM/OLI 土地利用分类解译标志

地类/波段组合	空间位置	影像特征		
		形态	色调	解译标志
耕地 OLI654 TM543	主要分布在河流两岸,小部分分布在坡地、缓坡地上	呈斑块状分布,色调不均,形状不规则	粉紫色或浅紫色	
有林地 OLI543 TM432	分布在山区	呈片状或带状分布,有阴影,纹理较均一	暗红色或红色,色调适中	
灌木林 OLI543 TM432	分布在山坡区域	呈片状、斑块状分布,有阴影,纹理较粗糙	淡红色或鲜红色,色泽鲜艳	

表 4-6(续)

地类/ 波段组合	空间位置	影像特征		
		形态	色调	解译标志
灌草 OLI654 TM543	主要分布在河流两岸的山坡上	呈片状、块状分布，几何形状不规则，边界不清晰	灰褐色、浅褐色，色调不均匀	
河流 OLI654 TM543	主要分布在分水岭以下沟谷、山前滑坡、川间平原	呈弯曲线状或者带状，宽度不一，边界明显	呈深蓝色或者蓝色，影像质地及纹理细腻	
湖泊 OLI654 TM543	多处均有分布	圆形或椭圆形、条带或蝌蚪状，有的与河流相连，类型边界非常清晰	呈深蓝色或者蓝色，影像质地及纹理细腻	
城镇建设用地 OLI654 TM543	主要分布在沿河两岸，较平坦地区	呈不规则片状或团状分布，纹理呈现较规则矩形组成的网状	呈紫色或蓝紫色，颜色不均匀，有杂色	
道路与工矿建设用地 OLI654 TM543	主要分布在城镇周边	形状较规则，轮廓清晰	呈浅粉红色，色调较亮	
未利用地 OLI654 TM543	主要分布在山区	形状不规则，呈条带状、团状分布，纹理光滑，与周围界线比较圆顺清晰	呈酱红褐色	

4.1.6.3 土地利用分类

根据已建立的解译标志，采用计算机自动分类配合目视判读，在 ERDAS 软件中逐步提取逐步掩膜，并通过目视解译手动修正，最终得到 1988 年、2001 年和 2013 年研究区土地利用图(图 4-14,图 4-15,图 4-16)。

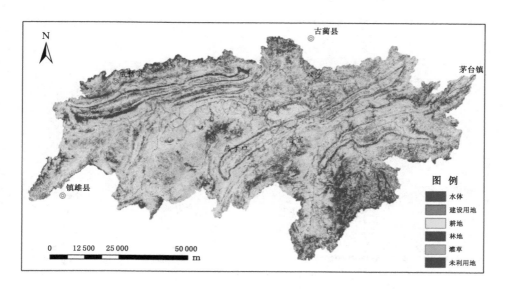

图 4-14　1988 年研究区土地利用

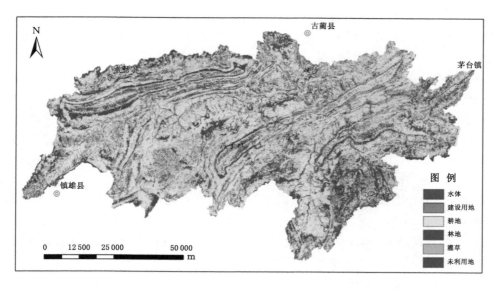

图 4-15　2001 年研究区土地利用

　　衡量分类精度最常用的方法是误差矩阵法,分类精度的主要指标包括制图精度、用户精度、总体精度以及 kappa 系数等。kappa 系数综合了用户精度和制图精度,其值域为[-1,1],kappa 系数值越大分类精度越高。本研究对

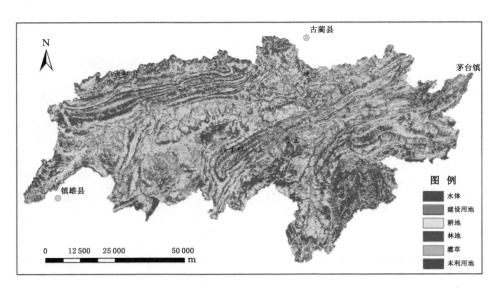

图 4-16   2013 年研究区土地利用

1988 年、2001 年和 2013 年三个时相研究区土地利用分类结果进行精度评价的
标准分别是谷歌地球影像（对 2013 年土地利用分类）和 20 世纪 80 年代末及
2000 年贵州、云南、四川三省 1∶100 000 土地利用现状图（对 1988 年和 2001 年
土地利用分类）。就每种土地利用类型随机生成检测点，用混淆矩阵法和 kappa
检验法对分类结果进行检验，得到的总体精度都达到了 80％以上（1988 年为
85.7％；2001 年为 83.1％；2013 年为 87.9％），kappa 系数均超过了最低允许判
别精度 0.7 的要求（1988 年为 0.842；2001 年为 0.817；2013 年为 0.867），分类结
果较为满意。

由 1988 年、2001 年和 2013 年研究区土地利用图可以看出，研究区内的土
地利用类型以林地和耕地为主，这说明该流域在土地利用类型上以农林为主。
该研究区内 90％以上的人口为农业人口，第一产业占流域经济生产总值的比例
很大，特别是在云南省境内和在贵州省境内的毕节市七星关区、大方县境内的研
究区域，农业更是绝大多数人维持生计的基础。

4.1.7   水土流失信息提取

除了降水强度大，降水分布不均匀，地形陡峻，紫色砂页岩、泥岩等岩类质地
抗冲性能低，薄土层蓄水能力差等自然因素外，造成研究区水土流失更主要的是
人为因素。例如人口增长过快导致农业人口密度大，开垦坡耕地，毁林开荒，不
合理的开发建设活动等等。

4.1.7.1　计算分级评价因子权重

应用层次分析法,通过两两比较各因子的重要性构建出研究区水土流失判断矩阵(表 4-7)。再利用方根法计算出判断矩阵的最大特征 $\lambda_{max} = 5.008$,然后对判断矩阵进行一致性检验和随机性检验,最终得到每个因子的权重。

表 4-7　水土流失判断矩阵

因子	土地利用	植被覆盖度	高程划分	坡度	河网密度	权重
土地利用	1	1.5	1.5	3	6	0.28
植被覆盖度	0.667	1	1	2	4	0.22
高程划分	0.667	1	1	2	4	0.20
坡度	0.333	0.5	0.5	1	2	0.17
河网密度	0.1667	0.25	0.25	0.5	1	0.13

4.1.7.2　因子分级赋值

在对各因子赋权重的基础上,按照水土流失由剧烈到轻微对应的值从低到高的原则为各因子分级赋值。例如,土地利用的总权重值共 0.28,林地、河流这类用地类型水土流失程度轻微,赋值 0.15;灌草、建设用地等水土流失程度一般为中等,故赋值 0.08;未利用地、裸岩地最容易发生水土流失,故赋值最低 0.05(李璇琼 等,2012),具体如表 4-8 所示。

表 4-8　水土流失因子赋值

因子	分级赋值标准		
土地利用 (权重为 0.28)	林地、河流、湖泊	草地、建设用地、旱地	未利用地、裸岩
赋值	0.15	0.08	0.05
植被盖度/% (权重为 0.22)	>75(高植被覆盖)、 60～75(中高植被覆盖)	45～60(中植被覆盖)、 30～45(较低植被覆盖)	<30(低植被覆盖)
赋值	0.12	0.06	0.04
高程分级/m (权重为 0.20)	<800	800～1 500	>1 500
赋值	0.11	0.06	0.03
坡度/(°) (权重为 0.17)	<25	25～45	>45

表 4-8(续)

因子	分级赋值标准		
赋值	0.09	0.05	0.03
河网密度/(m/km²) (权重为 0.13)	<400	400~1 000	>1 500
赋值	0.07	0.04	0.02

4.1.7.3 水土流失计算和强度分级

通过 ArcGIS 软件空间分析工具的叠加分析功能,为各个单因子分级赋值,再分别乘以权重值再相加得到研究区水土流失的综合评价指数。该指数值越高,对应的水土流失程度越轻微,反之水土流失则越剧烈。参照水土流失标准并结合研究区的具体情况确定水土流失 AHP 模型综合评价指数分级表(表 4-9),最终通过重分类得到研究区的水土流失强度分布图(图 4-17)。

表 4-9 水土流失 AHP 模型综合评价指数分级

水土流失分区	剧烈流失区	极强度流失区	强度流失区	中度流失区	轻度流失区	微度流失区
综合评价指数	3.41~4.8	4.8~6.0	6.0~7.3	7.3~8.7	8.7~10.2	10.2~11.26

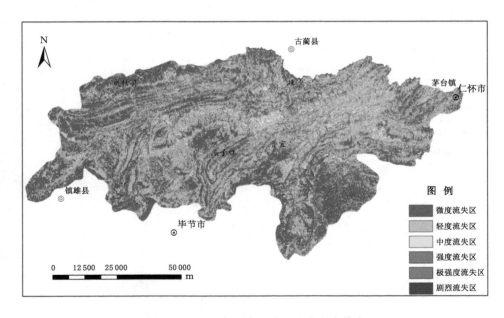

图 4-17 2013 年研究区水土流失强度分布

　　由图 4-17 可见,研究区强度以上流失区主要出现在水源地上游云南省镇雄县及贵州省毕节市七星关区,同时这一区域也是研究区内喀斯特石漠化最严重的区域;强度以上流失区在研究区的贵州省大方县境内和云南省威信县境内也有较大面积分布。

4.2　遥感综合生态环境指数建立及流域生态环境变化研究

　　本节基于 2013 年 6 月 16 日的 Landsat8 OLI 数据,通过构建与区域生态环境最密切相关的 4 个指标因子,求得适合研究区特征的遥感综合生态环境指数(RSEI)。并在此基础上进行了流域生态环境变化研究。

4.2.1　遥感综合生态环境指数构建原理

　　本书拟对照生态环境部于 2015 年修订的《生态环境状况评价技术规范》中提出的主要基于遥感技术的生态环境状况指数(EI),生成一个能更快速、更定量、更客观地评价区域生态环境的遥感综合生态环境指数(RSEI),RSEI 与 EI 的计算方式和构成要素对比如表 4-10 所示。RSEI 计算公式如下(徐涵秋,2013):

$$RSEI = f(绿度指数,湿度指数,热度指数,干度指数) \quad (4-3)$$

表 4-10　RSEI 和 EI 的计算方式和构成要素对比

EI	RSEI
EI＝0.25×生物丰度指数＋0.2×植被覆盖指数＋0.2×水网密度指数＋0.2×土地退化指数＋0.15×环境质量指数	RSEI＝f(绿度指数,湿度指数,热度指数,干度指数)
植被覆盖指数和生物丰度指数这两个指标的计算依据是相同的,只是权重略有不同	绿度指数与之相当
水网密度指数	湿度指数:除了能代表开放水体外,还可以代表与生态环境高度相关的土壤和植被的湿度
土地退化指数	干度指数和热度指数:地表的土壤和岩石越裸露,土地退化越严重
环境质量指数权重最低且在《生态环境状况评价技术规范》中生态分级特征描述中也没有用到该指标。主要依赖于县级以上的环境年报,使得 EI 只能用于县域以上的研究尺度,且每年只能做一次,而实时、乡镇乃至更小范围的评价明显受到限制。	研究区地跨云贵川三省不同区县内的不同乡镇,统计结果意义不大,故暂不考虑

以 2013 年 OLI 数据为例,分别构建了绿度指数、湿度指数、热度指数、干度指数,并将算法推及 TM 数据,最终生成研究区 1988 年、2001 年和 2013 年遥感综合生态环境指数图,对茅台酒水源地生态环境做综合评估。

4.2.2 湿度指数构建

遥感缨帽变换中的湿度分量与生态密切相关,它能够有效反映下垫面水体、土壤和植被的湿度,其故本研究用缨帽变换中的湿度分量来构建 RSEI 的湿度指数。在 OLI 影像上,湿度指数公式表述如下:

$$湿度指数 = 0.031\,5\rho_2 + 0.202\,1\rho_3 + 0.310\,2\rho_4 + 0.159\,4\rho_5$$
$$- 0.680\,6\rho_6 - 0.610\,9\rho_7 \tag{4-4}$$

式中,$\rho_i (i=1,\ldots,5,7)$ 为 OLI 各波段的反射率。

如图 4-18 所示,区域湿度越大显示的亮度越高,湿度大的地方多分布在河流附近和高植被覆盖度区域(如研究区东南角的金沙县境内冷水河自然保护区),城镇和耕地集中的地方湿度小、亮度低;另外,研究区西南部母享河以东镇雄县和毕节市七星关区到交界的典型喀斯特地貌区域(花生壳状纹理)也呈现低亮度。

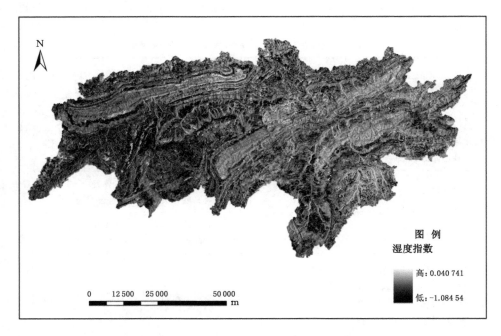

图 4-18　研究区湿度指数

4.2.3　绿度指数构建

归一化植被指数被认为是植被生长状态和植被空间分布的最好的指示指标,因其值与植物的叶面积指数、生物量、植被覆盖度均紧密相关,故应用得最为普遍(Goward et al.,2002)。本研究依然选用 NDVI 来代表绿度分量。对于 Landsat8 OLI 影像,其公式为:

$$绿度指数 = (\rho_5 - \rho_4)/(\rho_5 + \rho_4) \tag{4-5}$$

反演得的绿度指数如图 4-19 所示。图中亮度指数值越大代表对应地表的植被覆盖度越高。

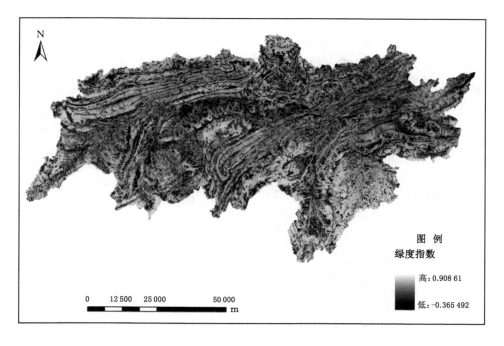

图 4-19　研究区绿度指数

4.2.4　热度指数构建

Landsat8 于 2013 年 2 月发射升空,携带两个主要载荷 OLI 和 TIRS,其中 TIRS 有 2 个热红外波段,分别为热红外波段 10 和波段 11。

热度指标本应由地表温度来代表,但由于 Landsat TM 与 TIRS 不同,其常用的地温反演公式中常量可能存在偏差,故应用于 TIRS 数据时,需要用实测数据对常量进行误差评估和验证。由于本研究没有收集到实测温度数据,又因地表温度与亮度温度高度相关,对于同一地区存在着一个相对固定的差值,而本研究构建的热度指数要体现的是相对温度的高低,故本研究退而采用亮度温度来代表热度指数。亮度温度是由传感器接收到的辐射计算得到的温度。传感器接收的电磁波包括地表物体的发射辐射、环境及大气的辐射、地面及大气的反射,反映在遥感影像上就是像元的亮度,像元亮度越高表示能量越高,相应的温度也就越高。

TIRS10 和 TIRS11 像元记录的是亮度值(D_n 值),该值越大,表示地表热辐射强度越大,温度越高。各像元的辐射强度 L_λ 与 D_n 值有如下的关系:

$$L_\lambda = G_{ain} D_n + B_{ias} \tag{4-6}$$

式中,G_{ain} 为增益参数,B_{ias} 为偏移参数,均可直接从影像元数据文件中直接获取;D_n 为像元亮度值。增益和偏移可直接从 2013 年 6 月 16 日影像的头文件中获得,热红外波段 10 的增益参数和偏移参数字段如下:

RADIANCE_ADD_BAND_10 = 0.10000

RADIANCE_MULT_BAND_10 = 3.3420E − 04

将参数代入方程得到:

$$L_\lambda = 0.000\ 334\ 2D_n + 0.1 \tag{4-7}$$

将热辐射强度转换为亮度温度的公式:

$$T_{sensor} = \frac{K2}{\ln(K_1/L_\lambda + 1)} \tag{4-8}$$

式中,T_{sensor} 为亮度温度;K_1、K_2 为定标参数,从影像头文件中获取。

K1_CONSTANT_BAND_10 = 774.89

K2_CONSTANT_BAND_10 = 1321.08

再将 T 转换为摄氏温度 T',转换公式如下:

$$T' = T - 273.15 \tag{4-9}$$

2013 年 6 月 16 日研究区 Landsat8 数据亮度温度反演结果如图 4-20 所示。

由图 4-20 可以看出,温度较高的地方集中在城镇、裸露的地表(公路、裸露的耕地、裸岩等)。前期的研究表明(Cai et al.,2014),喀斯特地区存在不同于其他地区的异常热斑块,它主要存在于非城镇的地表裸露区(裸岩和裸土)。故在喀斯特地区构建的热度指数不仅能够反映区域的热环境,而且间接体现了喀斯特地区岩石和土壤的裸露情况,弥补了干度指数中只包含了裸土指数和建筑用地指数,而没有适当的指数模型来表示区内岩石裸露情况的不足。

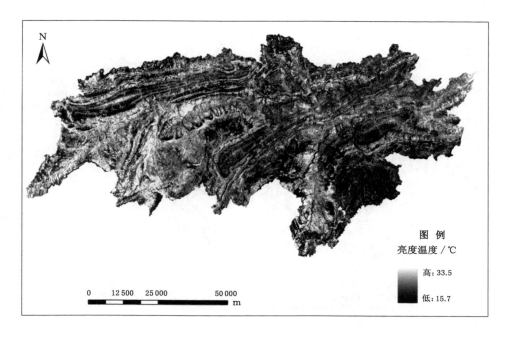

图 4-20 研究区亮度温度

4.2.5 干度指数构建

造成环境的干化的地表类型主要是裸露地表,研究区为典型喀斯特地区,该区域裸露的地表主要包括裸土、建筑用地及喀斯特地区严重石漠化造成的裸露岩石。对于裸土的反演采用裸土指数(徐涵秋,2013);对于建筑用地的反演采用建筑指数(吴志杰 等,2012);而对于喀斯特地区普遍存在的裸露岩石则没有一个合适的指数可以度量,鉴于喀斯特地区的异常热斑块效应的原理,本研究认为岩石的裸露情况可以由热度指数来体现,故此处的干度指标仍由前两者合成,即由裸土指数和建筑指数(Xu,2008)合成,合成后的干度指数如图 4-21 所示。

$$干度指数 = (I_S + I_{BI})/2 \tag{4-10}$$

式中,I_S 为裸土指数;I_{BI} 为建筑指数。这两个指数的计算公式如下:

$$I_S = [(\rho_6 + \rho_4) - (\rho_5 + \rho_2)]/[(\rho_6 + \rho_4) + (\rho_5 + \rho_2)] \tag{4-11}$$

$$I_{BI} = \{2\rho_6/(\rho_6 + \rho_5) - [\rho_5/(\rho_5 + \rho_4) + \rho_3/(\rho_3 + \rho_6)]\}/\{2\rho_6/(\rho_6 + \rho_5) + [\rho_5/(\rho_5 + \rho_4) + \rho_3/(\rho_3 + \rho_6)]\} \tag{4-12}$$

图 4-21 中,亮度大的地方也是地表干化严重的地方,首先是城镇(威信县城、茅台镇等),其次是地表较裸露程度较高的自然表面;而亮度小的地方同样也

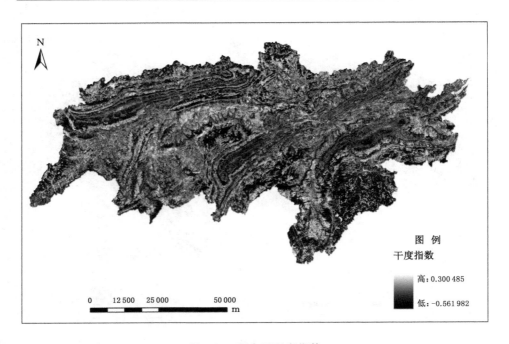

图 4-21　研究区干度指数

是植被覆盖较好的地方。

4.2.6　遥感综合生态环境指数构建

对于构成综合指数的 4 个指标因子,因其表示了生态环境的不同方面,其单位不同,无法进行同尺度下的比较,需对这 4 个指标因子进行归一化处理,将它们转换成 0～1 之间的无量纲值。各指数的归一化公式为:

$$N_i = \frac{I_i - I_{\min}}{I_{\max} - I_{\min}} \qquad (4-13)$$

式中,N_i 为归一化之后的值;I_i 该指数在像元 i 的值;$I_{\min}$ 为该指数的最小值;$I_{\max}$ 为该指数的最大值。

本研究欲将以上 4 个指数的信息综合,构建一个遥感综合生态环境指数。在单一变量耦合多个变量的过程中,使用多元统计方法中的主成分分析法来压缩变量个数筛选出少数重要变量。该方法最大的优点就是根据数据本身的性质和各个指标对各主分量的贡献度来自动客观地确定集成各指标的权重,从而在很大限度上避免了人的主观因素造成的结果误差。对 1988 年、2001 年及 2013 年各个时相对应的 4 个生态环境指数分别进行主成分变换,变换后的统计结果如表 4-11 所示。

表 4-11　各生态环境指数主成分变换统计表

1988 年			
生态环境指数	PC1	PC2	PC3	PC4
湿度指数	0.702339914	−0.6219332	−0.28782	0.192555068
绿度指数	0.165 217 428	0.003 220 07	0.790 635	0.589 567 397
热度指数	−0.650 914 041	−0.750 860 7	0.083 758	0.074 186 493
干度指数	−0.236 077 863	0.222 254 06	−0.533 89	0.780 915 613
特征值	0.294 62	0.003 58	0.000 96	0.000 16
贡献率/%	98.43	1.20	0.32	0.05
累计贡献率/%	98.43	99.63	99.95	100

2001 年			
生态环境指数	PC1	PC2	PC3	PC4
湿度指数	0.303 56	0.796 83	0.261 57	0.351 80
绿度指数	0.826 75	0.303 88	−0.192 97	0.432 32
热度指数	−0.226 82	−0.116 55	−0.175 09	−0.077 93
干度指数	−0.415 80	−0.509 06	0.942 44	0.826 60
特征值	0.168 95	0.011 73	0.000 47	0.000 37
贡献率/%	93.08	6.46	0.26	0.2
累计贡献率/%	93.08	99.54	99.8	100

2013 年			
生态环境指数	PC1	PC2	PC3	PC4
湿度指数	0.1531 149 18	−0.113 632 2	0.495 903	0.847 185 84
绿度指数	0.609 649 767	0.436 629 04	−0.592 16	0.295 003 901
热度指数	−0.406 377 662	0.877 503 99	0.250 75	0.044 367 64
干度指数	−0.663 129 082	−0.162 571 7	−0.583 57	0.439 636 626
特征值	0.588 64	0.008 01	0.000 52	0.000 07
贡献率/%	98.56	1.31	0.087	0.043
累计贡献率/%	98.56	99.87	99.96	100

　　分析表 4-11 可得出,研究区三个时相的 4 个生态环境指数的第一主成分(PC1)的贡献率分别高达 98.43%、93.08% 和 98.56%,表明 PC1 已经集中了 4 个生态环境指数的绝大部分特征。将 PC1 分别进行归一化处理,得到研究区

遥感综合生态环境指数(RSEI),该指数值越接近 1 生态环境的综合情况越优,结果如图 4-22、图 4-23、图 4-24 所示。

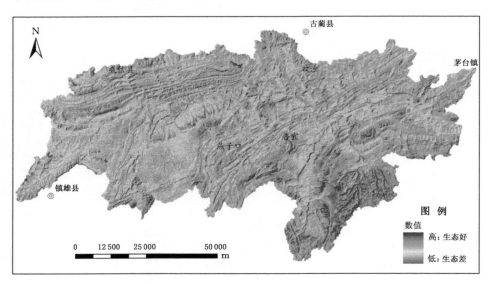

图 4-22　1988 年研究区遥感综合生态环境指数

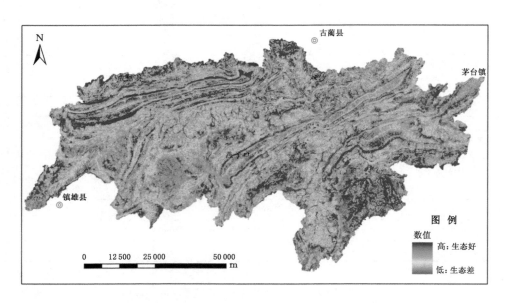

图 4-23　2001 年研究区遥感综合生态环境指数

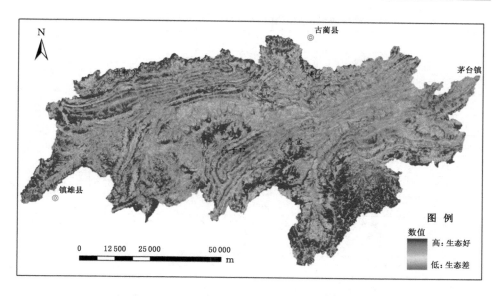

图 4-24　2013 年研究区遥感综合生态环境指数

通过该遥感综合生态环境指数(RSEI)与 4 个生态环境指数之间的相关性研究,可以进一步分析这个由第一主成分(PC1)建立的 RSEI 的综合代表性。遥感综合生态环境指数与各生态环境指数间的相关度越高,越说明它能综合代表各个生态环境指数。

表 4-12 显示的是各生态环境指数与 RSEI 以及各生态环境指数之间的相关性。从表中可看出各生态环境指数之间平均相关度最高的是绿度指数和热度指数,而 RSEI 与各生态环境指数的相关性比各生态环境指数之间的相关性都高,2013 年 RSEI 与各生态环境指数的平均相关系数为 0.951 998,比单指标最高的绿度指数的均值高出了 2.2%,比单指标最低的湿度指数的均值高出了 14.5%,比 4 个指数间的相关系数的平均值(0.887)高出了 7.3%;2001 年 RSEI 与各生态环境指数的平均相关系数为 0.929 943,比单指标最高的绿度指数的均值高出了 0.7%,比单指标最低的干度指数的均值高出了 16.8%,比 4 个指数间的相关系数的平均值(0.850)高出了 9.4%;1988 年 RSEI 与各生态环境指数的平均相关系数为0.923 285,比单指标最高的热度指数的均值高出了 0.3%,比单指标最低的干度指数的均值高出了 21%,比 4 个指数的平均值(0.856)高出了 7.9%;遥感综合生态环境指数(RSEI)与各生态环境指数之间更高的相关系数值说明,与所有其他单生态环境指数相比,该指数更能综合代表各生态环境指数的信息。

表 4-12　各生态环境指数与 RSEI 以及各生态环境指数的相关系数矩阵

1988 年

生态环境指数	湿度指数	绿度指数	热度指数	干度指数	RSEI
湿度指数	1				
绿度指数	0.854 99	1			
热度指数	−0.921 84	−0.967 43	1		
干度指数	−0.578 64	−0.885 7	0.794 14	1	
RSEI	0.929 03	0.969 35	−0.999 77	−0.794 99	1
平均相关度	0.821 125	0.919 367 5	0.920 795	0.763 368	0.923 285

2001 年

生态环境指数	湿度指数	绿度指数	热度指数	干度指数	RSEI
湿度指数	1				
绿度指数	0.842 42	1			
热度指数	−0.915 48	−0.965 76	1		
干度指数	−0.536 82	−0.892 39	0.786 28	1	
RSEI	0.890 93	0.994 98	−0.982 34	−0.851 52	1
平均相关度	0.796 413	0.923 888	0.912 465	0.766 753	0.929 943

2013 年

生态环境指数	湿度指数	绿度指数	热度指数	干度指数	RSEI
湿度指数	1				
绿度指数	0.857 11	1			
热度指数	−0.927 26	−0.969 64	1		
干度指数	−0.709 31	−0.966 48	0.892 72	1	
RSEI	0.916 69	0.980 15	−0.998 86	−0.912 29	1
平均相关度	0.831 227	0.931 077	0.929 873	0.856 17	0.951 998

表 4-12 中 RSEI 与绿度指数和湿度指数呈正相关,说明绿度和湿度共同对生态环境起正面作用;RSEI 与热度指数和干度指数呈负相关,则表明热度和干度对生态环境起负面影响。就相关性的强弱而言,与茅台酒水源地遥感综合生态环境指数相关性最强的是绿度指数(0.980 15、0.994 98、0.969 35)和热度指数(−0.998 86、−0.982 34、−0.999 77)。该区域植被覆盖状况与该区域生态环境呈稳定的高度正相关,这与众多其他区域的研究结果相一致,也与人们的经验认知相吻合;但 RSEI 与热度指数间的这种明显高于其他生态环境指数的高度的

负相关性,与其他地区和其他学者的研究成果有所不同(徐涵秋,2013;王俊祺等,2014)。为了分析和挖掘热度指数与该区域生态环境的深层次关系,接下来本书对影响该区域热度指数的因素做进一步分析和研究。

4.2.7　典型喀斯特地区 RSEI 中热度指数的重新解释和评定

由研究区亮度温度图分析得出,热度指数大即温度较高的地方主要集中在城镇、裸露的地表(裸露的耕地、裸岩等)。城镇建设用地的温度偏高是城市热岛的定义所在,其成因主要是一方面城市地区水泥、沥青等所构成的下垫面导热率高,加之空气污染物吸收了较多的太阳能,且城市内的人工热源较多;另一方面建筑物密集,不利于热量扩散,最终形成了高温中心,并由此向外围递减形成热岛区域。在研究区范围内最大的城镇就是位于研究区最下游的茅台镇和源头处云南省境内的威信县。除了城镇造成的城市热岛外,在研究区内还出现大面积高热度指数图斑,这些高温图斑所对应的下垫面并不是城镇,相反是一些自然出露的地表,它面积更大、分布也更为广泛,对区域环境的影响也更大,本研究称之为异常热斑块。为了分析异常热斑块产生的原因,本书将其单独提出进行分析。

4.2.7.1　异常热斑块提取

以研究区 2013 年 6 月 6 日的 Landsat OLI 数据为例,在提取出亮度温度的基础上,首先将其分为高温、次高温、中温、次低温、低温五级,再依据城市热岛定义,用相应时相的土地利用分类图中的建设用地对热度指数分级图进行掩膜,掩去建设用地对应的常规热斑块区域,分级图中所剩余的高温斑块即异常热斑块,研究区异常热斑块分布如图 4-25 所示。

由图 4-25 可看出,研究区的异常热斑块主要分布在赤水河源头云南贵州两省交界处,云南省的威信县、镇雄县及贵州省七星关区,该区为典型喀斯特地貌区域,岩溶发育,且石漠化程度严重。其他地区也有不同程度的异常热斑块分布,这些地区都属于非城镇的自然地表。研究区异常斑块面积统计结果如表 4-13 所示。

表 4-13　研究区异常热斑块面积统计

时相	热斑块总面积 /km²	异常热斑块面积 /km²	建设用地对应的热斑块面积 /km²	异常热斑块所占 百分比/%
1988-9-21	555.51	552.91	2.6	99.5
2001-6-15	345.8	320.1	25.7	92.6
2013-6-06	324.8	281.8	43	86.8

图 4-25　研究区异常热斑块分布

　　由表 4-13 的面积统计结果可以看出,研究区异常热斑块的面积远远大于建设用地对应的热斑块面积,异常热斑块是高热度指数的最主要贡献要素。

　　随着城市的不断发展,常规热斑块面积在增加,但异常热斑块面积在稳步减少。常规热斑块面积随着城市的发展而增加是符合实际情况的,而异常热斑块面积稳步减小则从侧面反映出它与常规热斑块分别是由不同的原因导致的。同样异常热斑块面积在总热斑块面积中所占的比重也在逐步减少,但它仍然占绝大部分比重,对区域热环境起主导作用。

4.2.7.2　异常热斑块与地表植被覆盖度之间的关系

　　植被覆盖程度较低的区域内水分蒸发量不如植被覆盖程度高的区域的高,水分带走的热量也就更少;加上植被覆盖程度高的区域光合作用进行得充分,也要消耗相当的能量,最终导致植被覆盖程度低的区域热量大量积累,使得低植被覆盖度成为热斑块出现的一个重要原因。

　　为了求出低植被覆盖区对应的异常热斑块的面积值,本书首先对植被覆盖度进行分级,根据中华人民共和国水利部发布的《土壤侵蚀分类分级标准》(SL 190—2007),将植被覆盖度低于 45% 定义为低植被覆盖区,再将异常热岛斑块叠加在植被覆盖分级图上得到研究区异常斑块与植被覆盖关系(图 4-26)。经统计得出,研究区低植被覆盖区异常热斑块面积为 196.03 km²,而 2013 年 06 月 06 日异常热斑块总面积为 281.8 km²,前者占异常热斑块总面积的 69.56%,由此得出研究区异热斑块主要分布在低植被覆盖区。

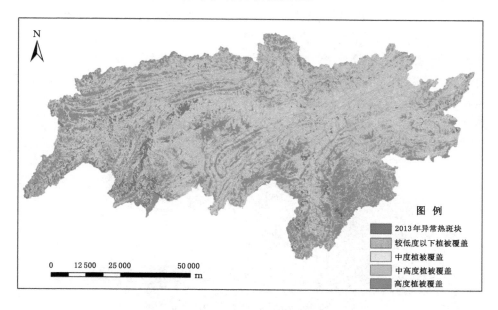

图 4-26　研究区异常热斑块与植被覆盖关系

4.2.7.3　异常热斑块与昼夜温差之间的关系

热惯量是物体的固有属性,其构成要素热传导系数、密度、比热容对一种物体来说是固定不变的。白天地物吸收太阳能量而增温,夜晚地物发射能量而降温。热惯量大的地物昼夜温差小,例如水体;热惯量小的地物,白天升温快,夜晚降温也快,昼夜温差大,例如裸露岩石。故可在昼夜温差图上将不同热惯量的地物区分开来(崔承禹,1994)。在喀斯特地区野外地表的几种典型地物中,除建设用地、水体、道路(主要是指水泥路或柏油路等容易同裸岩相混淆的道路)外,其他的土地覆被构成均可分成植被、土壤和岩石 3 大类。其中,建设用地和道路已经通过掩膜处理了;水体的热惯量最大;植被含水量大,故热惯量也较大;土壤因其含水量的不同,热惯量也不同;而裸露岩石和含水量较少的裸土的热惯量最小。故本书将结合相应时相 MODIS 夜间地表温度产品,生成研究区昼夜温差等级图,来分析研究区这种异常热斑块形成的原因。

(1) MODIS 地表温度产品生成夜间温度图

  Terra 与 Aqua 卫星上均同时搭载着 MODIS 传感器,在这两颗卫星相互协作下,每一到两天可以获得整个地球的表面的重复观测数据,Aqua 卫星属于下午星,其过境时间分别是下午的 13:30 和凌晨的 1:30。本研究下载了相应时相的 Aqua 卫星地表温度产品,用 MRT 软件进行预处理,将夜晚的地表温度数据(LST_Night_1km)分离出来,并添加投影为 WGS_84_UTM_Zone_48N,输出为 HDFEOS 格式。在 ERDAS IMAGINE 建模工具的支持下,将经过预处理的夜晚地表温度数据集的 DN 值乘以相应的定标系数,再减去 273.15 反演夜间地表温度(图 4-27),单位为℃。为了与日间温度图进行栅格运算,还需将空间分辨率为 1 km 的 MODIS 夜间温度产品重采样到 120 m。

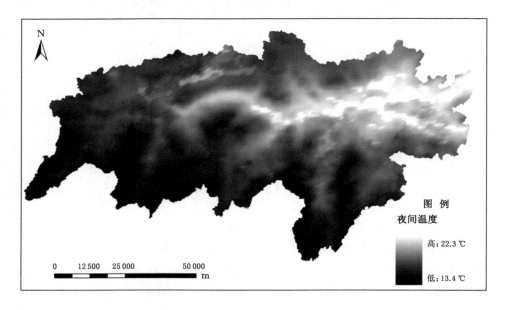

图 4-27　研究区夜间温度

（2）喀斯特异常热斑块与昼夜温差图叠加分析

  在 ArcGIS 软件的支持下应用 Spatial Analyst/Raster Calculator 工具将 TM 反演得到的研究区亮度温度图(图 4-20)与处理好的 MODIS 夜间温度图(图 4-27)相减,再进行密度分割,得到研究区昼夜温差图(图 4-28);以每 2 ℃为间隔将昼夜温差图分为 10 个温度段,再将这 10 个温度段划分为 3 个等级:温差 6 ℃以下为昼夜温差较小,温差 6～12 ℃为温差中等、温差大于 12 ℃为昼夜温差较大。

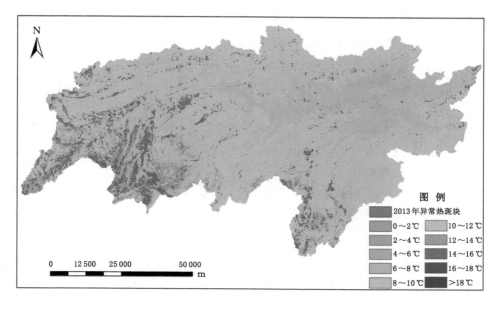

图 4-28　研究区昼夜温差与异常热斑块的关系

由图 4-28 分析可知,昼夜温差大的地方和异常热斑块基本都位于研究区的西南部和最南边,以及贵州省毕节市七星关区和云南省镇雄县境交界的喀斯特地区,有少部分分布在大方县境内及大方县与金沙县的交界处。

在 ArcGIS 中将异常热斑块与昼夜温差图相叠加,分析研究区异热斑块的分布与昼夜温差大小之间的关系。经统计得到 89.36％的异常热斑块是落入温差大于 12℃的区域的,也就是说有 89.36％的异常热斑块是落入由裸露岩石和含水量较少的裸土等热惯量小的地物覆盖的区域。

由以上研究可知,68.77％的异常热斑块主要分布在植被覆盖度低于 45％的低植被覆盖区;89.36％的异常热斑块落入昼夜温差大于 12 ℃的高温差区域。这些研究结果都共同指向:影响研究区热度指数的主要因素是裸露岩石和含水量较少的裸土面积的大小。

通过对研究区异常热斑块对应下垫面地物类型的研究得出,在喀斯特地区构建的热度指数很大程度上体现的是区内岩石和土壤的裸露程度,弥补了常用的干度指数中只包含了裸土指数和建筑用地指数,而没有适当的方法来表示区内岩石裸露情况的不足。

4.2.8　流域生态环境变化研究

　　从 20 世纪 80 年代末到 2013 年这 25 年间,研究区生态环境整体上发生了较大的变化,总体上来看生态环境变好了,其中前 13 年为一个阶段(1988—2001),这个阶段林地得到保护,乱砍滥伐和毁林开荒得到有效控制,生态环境缓慢恢复;后 12 年为另一个阶段(2001—2013),这个阶段全面退耕还林还草政策的实施,使得大面积的坡耕地开始还林还草,再加上国家投入大量人力、物力和财力进行石漠化综合防治,生态环境得到进一步恢复。

4.2.8.1　土地利用变化

　　由 1988 年、2001 年和 2013 年研究区土地利用图(图 4-14,图 4-15,图 4-16),统计得出 1988—2013 年这 25 年间研究区土地利用变化情况(表 4-14、表 4-15)。

表 4-14　研究区 1988—2013 年来土地利用状况

土地利用类型	土地面积/ha					
	1988 年	面积百分比/%	2001 年	面积百分比/%	2013 年	面积百分比/%
水体	2 827.53	0.384	2 327.61	0.316	2 510.37	0.341
建设用地	259.74	0.035	2 570.05	0.349	4 300.38	0.584
耕地	397 024	53.918	392 071	53.240	303 776	41.256
林地	240 622	32.678	286 515	38.906	360 951	49.020
灌草	85 467.5	11.607	52 034.1	7.066	64 285.9	8.731
未利用地	10 141.03	1.377	906.58	0.123	503.83	0.068

表 4-15　1988—2013 年研究区土地利用变化量

土地利用类型	变化量/%		
	1988—2001 年	2001—2013 年	1988—2013 年
水体	−0.068	0.025	−0.043
建设用地	0.314	0.235	0.549
耕地	−0.678	−11.984	−12.662
林地	6.228	10.114	16.342
灌草	−4.541	1.665	−2.876
未利用地	−1.254	−0.055	−1.309

　　注:正值为增加,负值为减少。

　　由表 4-14 和表 4-15 得出,1988—2013 年 25 年间变化最大的土地利用类型为建设用地,在我国城市化建设进程高速推进的大背景下,研究区内建设用地飞跃式增加,与 1988 年相比 2013 年建设用地面积增加了 16.56 倍。林地面积逐步增加,25 年来共增加了 1.5 倍。耕地面积呈减少趋势,25 年来耕地面积占比共减少了12.662％,其中前 13 年只减少了 0.678％,主要的耕地变化出现在 2001 年到 2013 年这 12 年间,耕地面积占比减少了 11.984％,这主要是 2000 年后实施的退耕还林还草政策所造成的。灌草的面积先减小后增大,因 1988—2001 年期间,对林灌的保护加强了,不允许毁林灌开荒,这 12 年间灌草较少被砍伐,而是逐年生长并向着灌木林转换,故减少的灌丛多数转换成了灌木林。而 2001—2013 年这 12 年间随着退耕还林还草政策的制定和落实,灌草数量逐步增加。

4.2.8.2　植被覆盖度变化

　　为了更清楚直观地展现出研究区植被覆盖的分布情况,根据《土壤侵蚀分类分级标准》(SL 190—2007),在 ArcGIS 9.3 软件中对植被覆盖度图进行重分类,将植被覆盖度分为五级:＞75％,60％～75％,45％～60％,30％～45％,＜30％,得到研究区 1988 年、2001 年和 2013 年的植被覆盖分级图,如图 4-29～图 4-31所示。再对各植被覆盖度等级所占面积比和各植被覆盖等级变化量进行统计,结果如表 4-16 和表 4-17 所示。

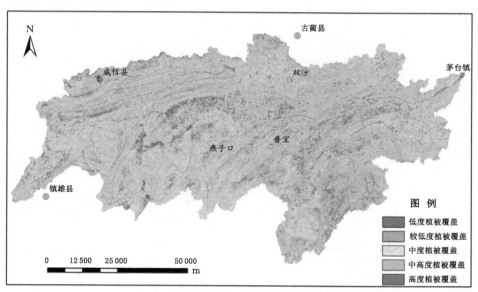

图 4-29　1988 年研究区植被覆盖分级

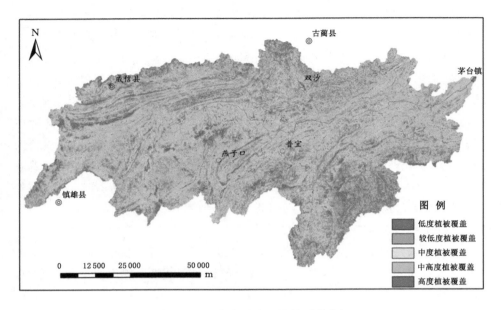

图 4-30 2001 年研究区植被覆盖分级

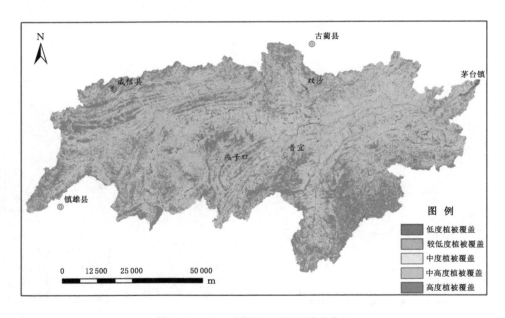

图 4-31 2013 年研究区植被覆盖分级

表 4-16　1988—2013 各植被覆盖度等级占面积比

植被覆盖等级	面积比例/%		
	2013 年	2001 年	1988 年
低度植被覆盖	5.022	3.869	3.566
较低度植被覆盖	10.730	13.003	19.251
中度植被覆盖	19.072	26.507	23.809
中高度植被覆盖	37.728	37.860	37.987
高度植被覆盖	27.448	18.760	15.387

表 4-17　1988—2013 年研究区各植被覆盖等级变化量

植被覆盖等级	变化量/%		
	1988—2001 年	2001—2013 年	1988—2013 年
低度植被覆盖	0.303	1.153	1.456
较低度植被覆盖	−6.248	−2.273	−8.521
中度植被覆盖	2.698	−7.435	−4.737
中高度植被覆盖	−0.127	−0.132	−0.259
高度植被覆盖	3.373	8.688	12.061

注:正值为增加,负值为减少。

由图 4-29～图 4-31 可以看出,中高度以上植被覆盖是该流域主要的植被等级,说明研究区总体植被覆盖情况良好。研究区北部四川省境内和最南部贵州省大方县与金沙县交界处及金沙县北部境内植被覆盖度相对较高。研究区中部和西南部的贵州省毕节市及云南省镇雄县境内由于喀斯特石漠化现象的普遍存在,植被覆盖度较低。研究植被覆盖好的区域主要分布在贵州金沙县和大方县交界处、云南省镇雄和威信两县交界处的威信县境内,中高度以上植被覆盖等级所占比例较大。

由表 4-16 和表 4-17 可知,1988—2013 年研究区内植被覆盖度总体上在不断增高,其中增加量最大的是高度植被覆盖,增加了 12.06%,而减少量最大的是较低度植被覆盖,减少了 8.52%,由于国家禁止开荒和对植被的大力保护使较低度植被覆盖不断地向上级植被覆盖转换。虽然国家投入大量的资金进行喀斯特石漠化的综合防治,但伴随着城镇化的进程,低度植被覆盖的面积仍在不断扩大,以 2001 年到 2013 年的变化最为显著。

4.2.8.3 综合生态环境指数变化研究

（1）遥感综合生态环境指数（RSEI）分级

为了定量研究区内综合生态环境的变化情况，分别将研究区 3 个时相的遥感综合生态环境指数（RSEI）以每 0.2 为间隔分为五级，分别赋予优、良好、中等、较差和差，得到研究区 1988 年、2001 年及 2013 年 RSEI 分级图，如图 4-32～图 4-34 所示。并在此基础上进行分级面积统计，如表 4-18、图 4-35 所示。

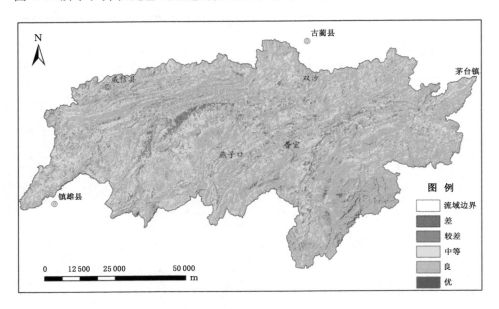

图 4-32　研究区 1988 年遥感综合生态环境指数（RSEI）分级图

由面积统计图表（表 4-18、图 4-35）可得出，1988 年研究区生态环境总体较差，生态等级在中等及其以下的面积占研究区面积的 58.58%，从 1988 年到 2001 年这 13 年间生态良好以上等级所占面积比例由 41.41% 提高到 56.26%，到 2013 年生态良好以上等级所占面积达到 64.08%。说明 1988—2013 这 25 年间来，整个区域的生态环境是稳步提升的。

（2）研究区 1988—2013 年遥感综合生态环境指数（RSEI）变化检测

遥感变化检测是对比不同年份生态状况时空变化的有效分析手段。本研究在对研究区 RSEI 进行等密度分割并赋等级的基础上，对茅台酒水源地的生态变化情况进行差值变化检测。绿色代表生态环境质量变好的地区，红色代表生态环境质量变差的地区，黄色代表生态环境质量不变的区域，变化检测结果如图 4-36 所示。

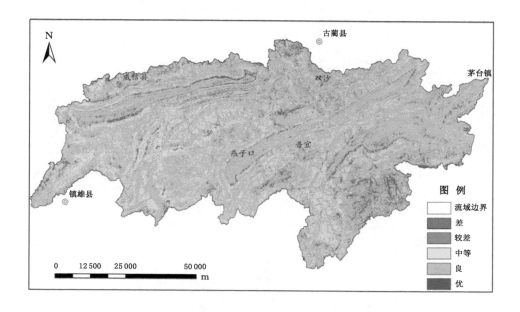

图 4-33 研究区 2001 年遥感综合生态环境指数(RSEI)分级图

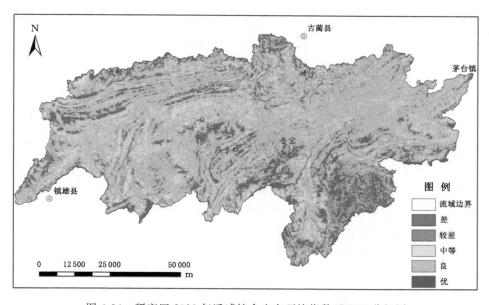

图 4-34 研究区 2013 年遥感综合生态环境指数(RSEI)分级图

表 4-18　研究区 1988—2013 年来各 RSEI 等级对应面积百分比

RSEI 等级	1988 年		2001 年		2013 年	
	面积/km²	百分比/%	面积/km²	百分比/%	面积/km²	百分比/%
生态差(0~0.2)	10.53	0.14	7.54	0.10	12.34	0.17
生态较差(0.2~0.4)	632.11	8.58	201.08	2.73	153.41	2.08
生态中等(0.4~0.6)	3 671.78	49.86	3 012.88	40.91	2 479.63	33.67
生态良(0.6~0.8)	2 805.66	38.10	3 249.40	44.13	2 893.89	39.30
生态优(0.8~1.0)	243.72	3.31	892.89	12.13	1 824.52	24.78
合计	7 363.80	100	7 363.80	100	7 363.80	100

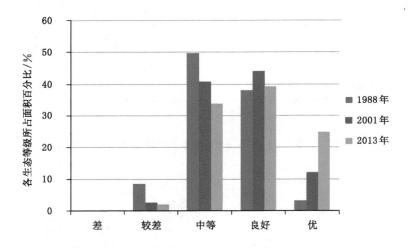

图 4-35　研究区 1988—2013 年各 RSEI 等级对应面积百分比

　　由图 4-36 可见,总体 1988—2013 年研究区的生态环境质量在好转,生态环境质量变差的地方多集中在河网附近,说明河流周边的人类活动对生态环境的负面影响是持续的。从变化检测的统计结果来看,1988—2013 年这 25 年间,该区生态环境质量变差的面积为783.3 km²,占研究区总面积的 10.64%;而生态环境质量变好的面积则达 3 717.4 km²,占研究区面积的一半(50.48%),说明经过 25 年的保护性发展,研究区内绝大部分地区生态环境质量在变好(50.48%)或保持不变(38.88%)。通过与影像图和土地利用图叠加发现,在空间上生态环境质量等级变差的区域主要集中在:① 城镇化过程中迅速发展起来的城镇、道路、工矿等建设用地;移民建镇过程中,聚集在一起的农村居民地。② 老耕地及由水田转换成旱地的区域。③ 影像上呈花生壳状的典型喀斯特地区峰丛间的洼地。

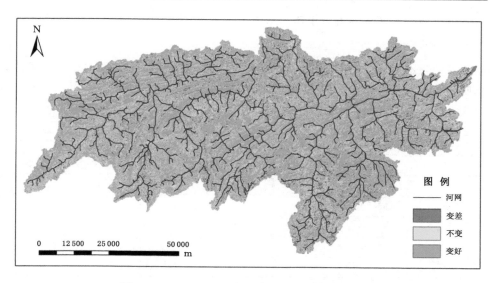

图 4-36　1988—2013 年遥感生态环境变化检测图

除了自然因素外,该区域的生态环境变化还主要受到人口、经济及政策导向的间接影响。20 世纪 80 年代末以前研究区人口增长迅速,缺乏资源保护意识的人们为了生存需求,盲目开垦荒地坡地、砍伐森林,使得耕地面积增长到53.91%;而相应植被覆盖大量减少,生态环境恶化,生态良好以上面积仅占41.41%,人地矛盾日益尖锐。20 世纪 90 年代以来,国家大力推进能源利用转型并先后颁布和实施了森林管理和保护法案,同时大规模地推进植树造林和封山育林,使林地覆盖率有所回升,其中度和高度植被覆盖的增加较为显著(2.698% 和 3.373%),林地面积占比增加 6.228%,生态良好以上所占面积比例提高到56.26%,超过总面积的一半。进入 21 世纪后,国家颁布的水土流失防治法规明确要求禁止开荒种地,并对于坡度大于 25°的耕地强制进行退耕还林还草,使得流域内林地面积占比继续增加了 10.114%,高度以上植被覆盖增加了 8.688%,而耕地面积占比减少了 11.984%,生态良好以上面积达 64.08%。在城市快速发展与国家生态退耕政策法规的进程中,在土地利用方式上表现出的是建设用地与耕地间"彼消此长"的明显转化。

4.3　各生态环境要素对水质影响研究

本节通过相关性分析方法研究了各水质指标与土地利用类型、植被覆盖等级、平均植被覆盖度、平均 RSEI 及水土流失等各生态环境要素间的相关关系,从而研究各生态环境要素对水质的影响。

4.3.1　各水质指标间相关性研究

借助各水质指标间的相关性，可以推断水质主要污染源的种类。研究区枯水期和丰水期各水质指标间的相关性分析结果见表 4-19 和表 4-20。

表 4-19　研究区枯水期各水质指标间的相关性分析结果

指标	TP	COD	TN	NH$_3$-N	DO	水质综合指数
TP	1					
COD	0.630*	1				
TN	0.867**	0.510	1			
NH$_3$-N	0.836**	0.344	0.863**	1		
DO	−0.347	−0.021	−0.388	−0.268	1	
水质综合指数	0.970**	0.587**	0.920**	0.816**	−0.440	1

注：* 表示 $P<0.05$，** 表示 $P<0.01$。

表 4-20　研究区丰水期各水质指标间相关性分析结果

指标	TP	COD	TN	NH$_3$-N	DO	水质综合指数
TP	1					
COD	0.635*	1				
TN	0.757**	0.818**	1			
NH$_3$-N	0.969**	0.540	0.642*	1		
DO	−0.953**	−0.714*	−0.858**	−0.856**	1	
水质综合指数	0.987**	0.729**	0.787**	0.948**	−0.957**	1

注：* 表示 $P<0.05$，** 表示 $P<0.01$。

由表 4-19 和表 4-20 可知，枯水期和丰水期 TP 与 COD、TN、NH$_3$-N 均呈高度正相关，TN 与 NH$_3$-N 分别呈高度正相关（0.863）和显著正相关（0.642）；TN 与 COD 在丰水期呈显著正相关（0.818），在枯水期两者则无显著相关性；DO 只在丰水期与各污染指标间的负相关性显著地表现出来，枯水期则无显著相关性。由此可推断，茅台酒水源地水质污染源主要为固定的一个或者几个。为了弄清楚水质污染的具体来源，本研究接下来对各水质指标与各生态环境要素间的相关性进行研究。

4.3.2　土地利用结构对水质影响研究

本书中提到的土地利用结构对水质的影响，并不是指土地利用本身对水质的影响，而是指由土地利用类型所反映出的承载在该用地类型上的人类的生产和生活污染对水质的影响，而土地利用结构只是间接地体现了这种影响。

4.3.2.1　研究尺度确定

有关土地利用类型与河流水质的研究，常在不同的尺度上得到不同的结果，对于用流域尺度还是用缓冲区的尺度分析土地利用类型的水质响应更准确仍存在争论。河流断面点水质监测数据更多地反映了上游的污染状况，故子流域分析法更能体现流域的这种自然属性；而缓冲区分析法能从空间上分析土地利用类型与河流的距离对水质的影响，该方法更易于量化不同土地利用类型对河流水质的影响范围和影响程度。本书同时从这两个尺度上实践和分析了研究区土地利用类型与水质的关系。

首先，根据已经分割的细小子流域和采样点所在位置的水质概括性，对细小子流域进行归并，得到各采样点对应的子流域图（图 4-37）。其次，以各监测断面为圆心生成缓冲区，在缓冲半径的选取上，本书研究的是整个流域尺度上水质与土地利用的关系，不同于某个城市边界范围内的研究，故选用尺度略大的缓冲半径 0.5 km、1.5 km、3 km、5 km 生成缓冲区，再与土地利用分类图叠加，以盐津河断面为例（图 4-38），计算得到各缓冲区内各级土地利用类型的面积百分比。

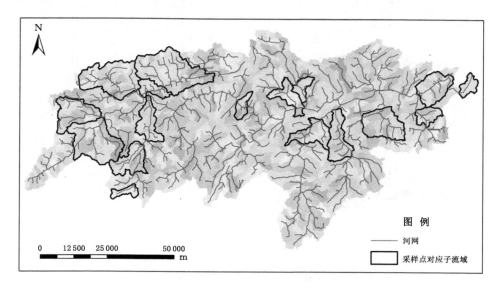

图 4-37　研究区采样点对应子流域划分

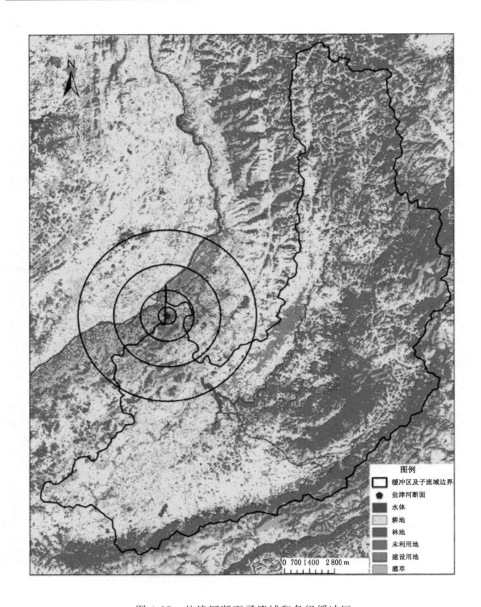

图 4-38　盐津河断面子流域和各级缓冲区

由相关性分析可知,从缓冲区尺度到子流域尺度,建设用地与 NH_3-N 的相关性由显著正相关变为高度正相关;与 COD 的相关性则由普通正相关变为显著正相关。而耕地与 DO 的相关性则由一般负相关变为显著负相关。在缓冲区尺度上,林地与 NH₃-N、呈负相关,相关程度总体上随着缓冲半径的增大而增大;而当研究尺度为依自然属性划分的子流域时,林地与 NH₃-N 呈现出显著负相关,与 COD 呈现出高度负相关,且在子流域尺度上林地对 DO 的"汇"的作用才充分表现出来。研究结果表明,对于该研究区,土地利用类型与各水质指标在缓冲区尺度和子流域尺度上表现出一致的相关性规律。用缓冲区尺度能够在空间上分析土地利用类型与河流的距离对水质的影响,而子流域尺度更好地反映了采样点所在自然流域范围内污染物的迁移情况,这使得在本研究中各水质指标与土地利用类型在子流域尺度上表现出更显著的相关性。故在接下来的研究中确定了以子流域尺度作为研究尺度(蔡宏 等,2015)。

4.3.2.2　土地利用结构对水质影响

枯水期和丰水期不同土地利用类型对水质的影响各不相同,首先,作为水质主要污染源的农作物的施肥是有季节性的,丰水期是农作物主要的生长期和施肥期;其次,研究区的降水也有着很强的季节性,研究区位于喀斯特山区,随着降水量的增加,淋溶作用会使更多的污染物质加速汇入河流,增加河流水质的污染。故本书将分别针对枯水期和丰水期做水质与土地利用类型的相关性研究。

(1)枯水期水质与土地利用类型的相关性分析

在枯水期,本研究共采集和测试了 16 个有效水质点,取其中的 13 个点做相关性分析和建模,3 个(总点数的 18%)做模型的实际预测精度测试。各采样点及其对应的子流域的土地利用类型如图 4-39 至图 4-44 所示。

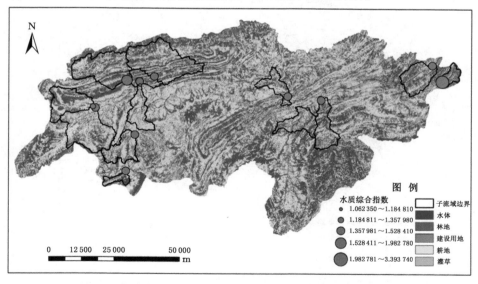

图 4-39　枯水期水质综合指数与各子流域土地利用类型间的关系

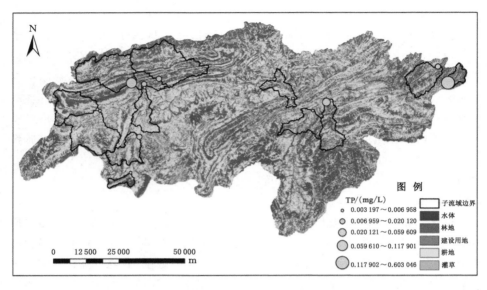

图 4-40 枯水期总磷(TP)与各子流域土地利用类型间的关系

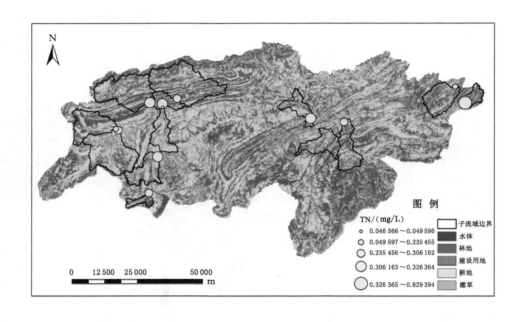

图 4-41 枯水期总氮(TN)与各子流域土地利用类型间的关系

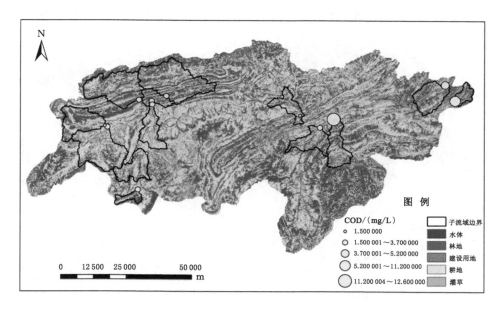

图 4-42　枯水期化学需氧量(COD)与各子流域土地利用类型间的关系

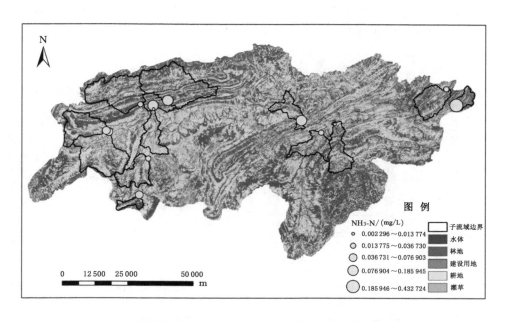

图 4-43　枯水期氨氮(NH₃-N)与各子流域土地利用类型间的关系

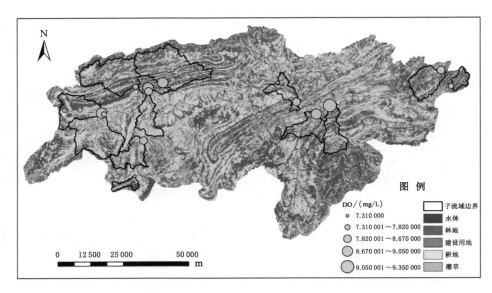

图 4-44　枯水期溶解氧(DO)与各子流域土地利用类型间的关系

　　将各子流域与通过遥感影像提取的土地利用分类图叠加,计算得到各子流域内各级土地利用类型的面积百分比,如图 4-45 所示。由图 4-45 可知,研究区各子流域整体上属于农林型的流域,林地、灌草和耕地为该区域土地利用的主体。

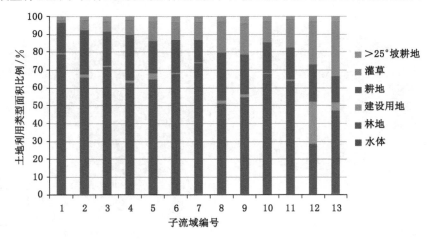

图 4-45　枯水期各采样点所在子流域内土地利用类型构成

　　将各个采样点水质指标与相应子流域的土地利用类型面积百分比在 SPSS 软件中进行相关分析,结果如表 4-21 所示。

表 4-21 枯水期土地利用类型和水质指标的相关性

指标	林地	建设用地	耕地	灌草	＞25°坡耕地
TP	−0.725＊＊	0.977＊＊	0.055	0.421	0.094
COD	−0.489	0.556＊	−0.153	0.460	−0.349
TN	−0.539	0.848＊＊	−0.010	0.241	0.060
NH₃-N	−0.596＊	0.845＊＊	0.044	0.311	0.641＊
DO	0.223	−0.387	−0.161	0.003	0.095
水质综合指数	−0.685＊＊	0.950＊＊	−0.020	0.412	0.093

注：＊表示 $P<0.05$，＊＊表示 $P<0.01$。

（2）丰水期水质与土地利用类型的相关性分析

在丰水期,本研究共采集和测试了 19 个有效水质点,取其中的 15 个点做相关性分析和建模,4 个点(总点数的 21％)做模型的实际预测精度测试。参与相关性分析的采样点及其对应的子流域的土地利用类型如图 4-46 至图 4-51 所示。

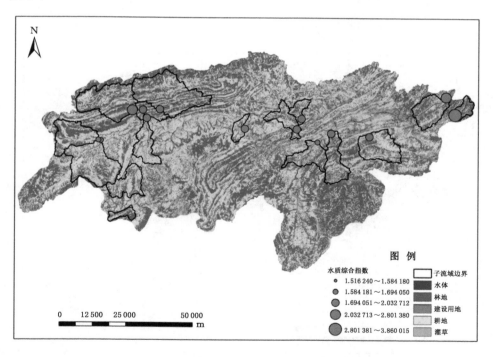

图 4-46 丰水期水质综合指数与各子流域土地利用类型间的关系

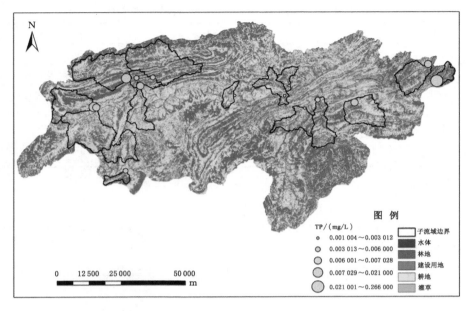

图 4-47　丰水期总磷（TP）与各子流域土地利用类型间的关系

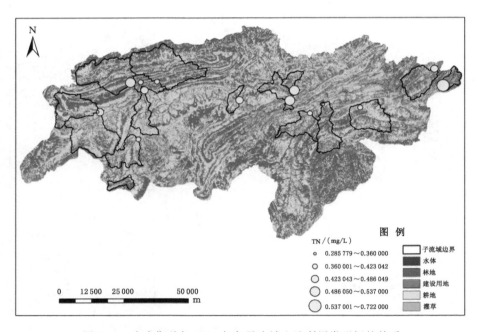

图 4-48　丰水期总氮（TN）与各子流域土地利用类型间的关系

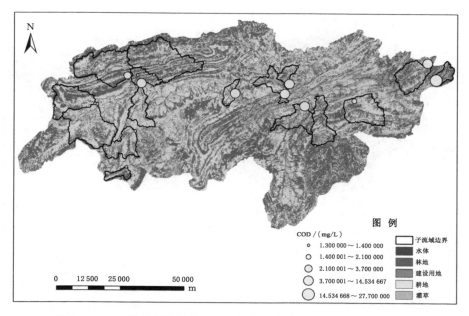

图 4-49　丰水期化学需氧量(COD)与各子流域土地利用类型间的关系

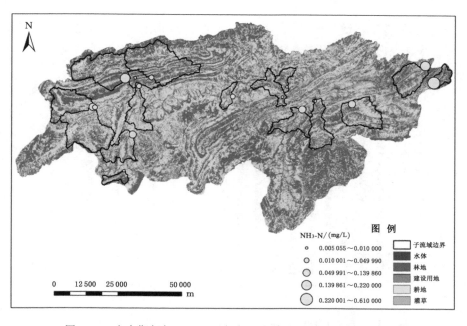

图 4-50　丰水期氨氮(NH₃-N)与各子流域土地利用类型间的关系

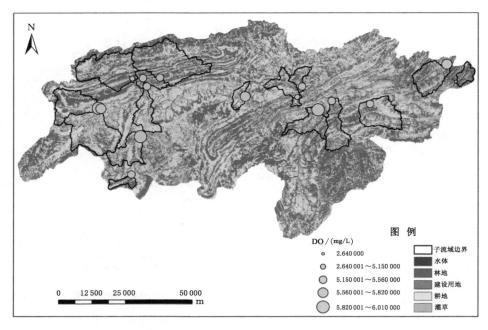

图 4-51 丰水期溶解氧(DO)与各子流域土地利用类型间的关系

同样,将各子流域与通过遥感影像提取的土地利用分类图叠加,计算得到丰水期各采样点所在子流域内土地利用类型面积比例,如图 4-52 所示。

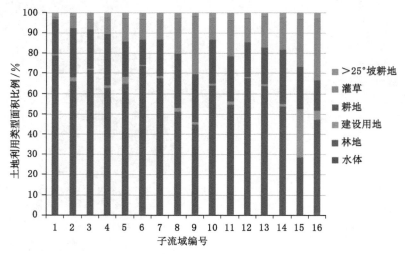

图 4-52 丰水期各采样点所在子流域内土地利用类型面积比例构成

将各个采样点水质指标与相应子流域的土地利用类型面积百分比在 SPSS 软件中进行相关分析,得到丰水期土地利用类型与水质指标的相关性,如表 4-22 所示。

表 4-22　丰水期土地利用类型与水质指标的相关性

指标	林地	建设用地	耕地	灌草	>25°坡耕地
TP	−0.623*	0.953**	−0.018	0.287	0.968**
COD	−0.809**	0.694*	−0.058	0.730*	0.410
TN	−0.800**	0.786**	0.258	0.609*	0.200
NH₃-N	−0.562	0.928**	−0.073	0.235	0.160
DO	0.663*	−0.908**	−0.094	−0.332	−0.314
水质综合指数	−0.698*	0.957**	−0.023	0.603*	0.833**

注:* 表示 $P < 0.05$,** 表示 $P < 0.01$。

(3)枯水期和丰水期水质与土地利用类型的关系

① 建设用地与水质的关系。不管在枯水期还是丰水期,建设用地均与总磷(TP)、氨氮(NH_3-N)、总氮(TN)和水质综合指数呈高度正相关,相关系数均在 0.786 以上,其中建设用地总磷(TP)和水质综合指数的相关性高达 0.95 以上;建设用地与化学需氧量(COD)则呈现显著正相关,相关系数分别为 0.556(枯水期)和 0.694(丰水期);另外,在丰水期建设用地还与溶解氧(DO)呈高度负相关,相关系数为 −0.908。这些数据分析说明:(a)茅台酒水源地河流周围城镇建设用地对河流的水质起着重要的负面影响。根据实地调查,流域内城镇和农村居民点生活污水和生活垃圾处理率较低,生活污水和生活垃圾乱排乱丢,农村居民圈养的家禽家畜也是流域水体污染的主要来源。这与 Sliva 等(2001)、夏叡等(2010)和刘丽娟等(2011)的研究结果相吻合,表明承载在城镇建设用地上的生活污水、工业污水的排放,生活垃圾露天堆放和简单填埋等,以及农村居民点的生产生活污染是该流域水质污染的重要来源;(b)建设用地对水质的污染没有季节性,不论枯水期还是丰水期,建设用地对水质的影响都是一致的。

② 林地与水质的关系。枯水期林地与总磷(TP)和水质综合指数表现出高度负相关,相关系数分别为 −0.725 和 −0.685;与氨氮(NH_3-N)呈显著负相关,相关系数为 −0.596。丰水期林地与化学需氧量(COD)和总氮(TN)表现出高度负相关,相关系数大于 −0.8;丰水期林地与总磷(TP)和水质综合指数表现出显

著负相关,相关系数分别为 -0.623 和 -0.698。另外,在丰水期林地与溶解氧(DO)之间还表现出显著的正相关性(0.663),而在枯水期林地与溶解氧(DO)之间仅仅是普通正相关。总的来说,林地与各污染性水质因子基本均呈显著或高度负相关,与溶解氧(DO)呈显著正相关,这充分表明了林地对水质的"汇"的作用。这与孙金华等(2011)的研究结果相吻合,说明植物根部对污染物的地表径流的截留作用使得河流周边的林地能够减少水体污染,对水质起正作用,而且这种正作用在丰水期更加明显。

③ 耕地与水质的关系。该研究区主要处在喀斯特丘陵山地,坡度大于 25°的坡地占研究区总面积的 25.1%,其中坡度大于 25°的坡耕地占总耕地面积的近 15%。通过相关性分析得出:研究区的耕地并未与各水质指标表现出显著的相关性,但占总耕地面积约 15% 的大于 25°坡耕地却与氨氮(NH_3-N)、总磷(TP)和水质综合指数表现出显著的相关系。在枯水期大于 25°坡耕地与氨氮(NH_3-N)表现出显著正相关,相关系数为 0.641;而在丰水期大于 25°坡耕地与总磷(TP)和水质综合指数更是表现出高度正相关,相关系数为 0.968 和 0.833。这说明该河流周边的坡耕地对该河流水质的负面影响很大,且耕地的比重越大,这种影响也越大。

这与蒋勇军等(2006)对岩溶农业区的研究结果相吻合。通过对该区域的多次野外调研,本书认为这主要由三方面原因造成:首先,耕地中过量施用农药化肥以及家畜禽的粪便形成了农业面源污染。我国化肥利用率比较低,氮肥和磷肥的利用率分别在 35% 和 20% 以下,这造成的结果是少量化肥被作物吸收,而大部分营养元素则通过地表径流和淋溶等途径进入水体,成为水体富营养化潜在威胁。其次,该水源地属典型喀斯特地区,该地区坡降大、土层薄、水土流失严重,特别是在丰水期,在降雨的影响下,坡耕地中累积的水污染物质顺地势流入河流,更加剧了耕地对水质的影响;另外,区内部分农村居民点较为分散,受数据空间分辨率的限制,在 OLI/TM 影像上分散的农村居民点多掩埋在了耕地中,无法另外单提取出来,而这些地方的农民生活污水及种植养殖,均导致了与水污染指标间较高的相关性。

④ 灌草与水质的关系。灌草与总磷(TP)、总氮(TN)、氨氮(NH_3-N)、化学需氧量(COD)均呈正相关,与溶解氧呈负相关,但总体上没有与各水质指标表现出显著的相关性,仅在丰水期,灌草与化学需氧量(COD)、总氮(TN)及水质综合指数表现出显著正相关,相关系数分别为 0.730、0.609、0.603。一些已有的研究成果显示出灌草对流域的水质是个"汇"的作用,但 2000 年来研究区域内大

面积实行退耕政策,在退耕还林还草过程中大量的坡耕地优先转为灌草,但原来耕地中长期以来残留下来的化肥农药等水质污染物,仍然对流域水环境产生负面影响,正是这种负影响掩盖了原本灌草对流域水质的正作用。

4.3.3　植被覆盖对水质影响

4.3.3.1　植被覆盖结构与水质关系

根据《土壤侵蚀分类分级标准》(SL 190—2007),将植被覆盖度分为五级:>75%,60%~75%,45%~60%,30%~45%,<30%。将各级植被覆盖度图与各子流域进行空间相交分析并统计得出各子流域内各级植被覆盖度的面积百分比,如表 4-23 所示。由上节的分析可知,林地与各水质指标的相关性在丰水期表现得更为显著,故以丰水期水质为代表,展示各采样断面的水质指标与对应子流域的植被覆盖等级的分布情况,如图 4-53 至图 4-57 所示。

表 4-23　研究区各子流域内各级植被覆盖度面积比

子流域编号	面积比/%				
	低度植被覆盖	较低度植被覆盖	中度植被覆盖	中高度植被覆盖	高度植被覆盖
1	0.19	0.89	5.75	23.24	69.93
2	0.62	2.69	11.83	43.56	41.29
3	0.14	1.38	10.07	33.84	54.56
4	0.35	1.52	11.86	48.52	37.75
5	1.49	2.34	12.35	35.67	48.15
6	0.68	1.37	5.90	45.87	46.19
7	0.30	1.57	11.46	41.15	45.52
8	0.83	2.97	16.30	56.05	23.85
9	1.45	2.34	19.00	55.66	21.55
10	0.34	2.28	12.98	46.11	38.29
11	0.98	3.49	17.88	52.18	25.48
12	0.07	0.79	9.07	52.34	37.73
13	0.22	1.49	11.64	44.92	41.72
14	0.40	3.22	19.22	51.36	25.82
15	19.07	7.61	14.78	28.10	30.43
16	3.89	2.89	10.37	42.33	40.52

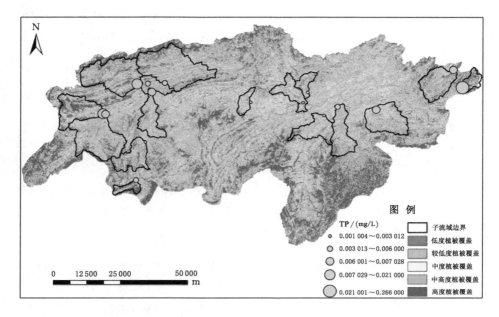

图 4-53　总磷(TP)与各子流域植被覆盖等级的关系

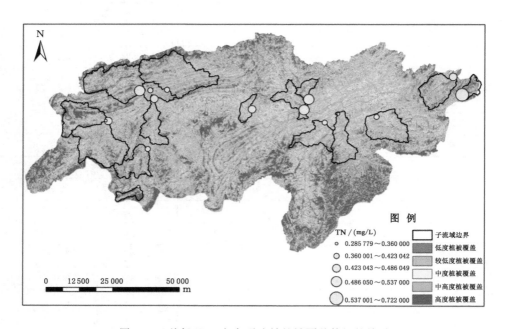

图 4-54　总氮(TN)与各子流域植被覆盖等级的关系

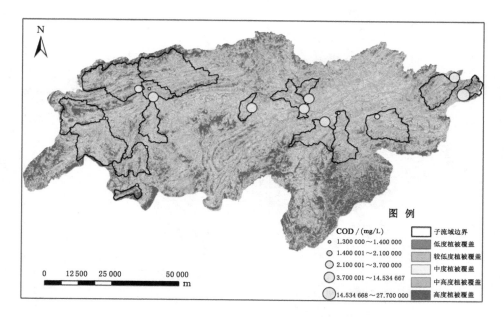

图 4-55　化学需氧量（COD）与各子流域植被覆盖等级的关系

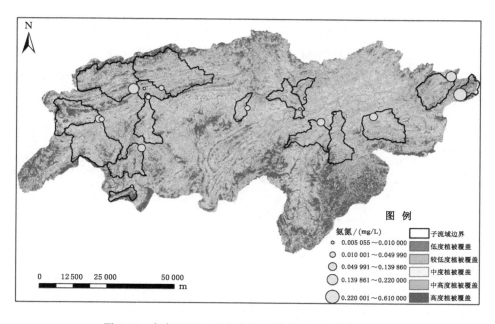

图 4-56　氨氮（NH₃-N）与各子流域植被覆盖等级的关系

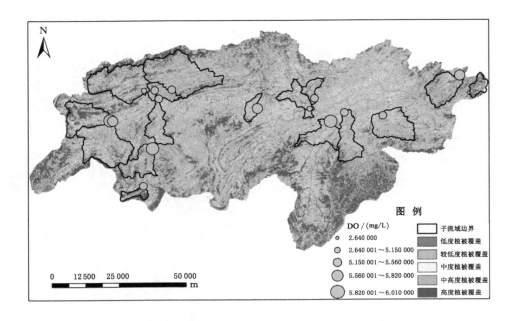

图 4-57　溶解氧(DO)与各子流域植被覆盖等级的关系

　　通过 SPSS 相关性分析结果(表 4-24)可以得出,总磷(TP)、总氮(TN)、氨氮(NH₃-N)、化学需氧量(COD)、水质综合指数与植被覆盖等级的相关性均随着植被覆盖等级的增高,从正相关变为负相关,而溶解氧(DO)则恰好相反,随着植被覆盖等级的升高,它们之间的相关关系由负相关逐渐变为正相关。

表 4-24　植被覆盖等级和丰水期水质监测指标的相关性

指标	低度植被覆盖	较低度植被覆盖	中度植被覆盖	中高度植被覆盖	高度植被覆盖
TP	0.949**	0.874**	0.154	−0.489	−0.162
COD	0.702*	0.742**	0.52	0.145	−0.637*
TN	0.802**	0.880**	0.553	0.015	−0.602*
NH₃-N	0.925**	0.819**	0.058	−0.505	−0.102
DO	−0.940**	−0.913**	−0.316	0.385	0.280
水质综合指数	0.951**	0.903**	0.247	−0.396	−0.266

　　注: * 表示 $P<0.05$, * * 表示 $P<0.01$。

　　研究区水质指标中总磷（TP）、总氮（TN）、氨氮（NH₃-N）、化学需氧量（COD）和水质综合指数均与较低度以下的植被覆盖呈高度正相关,相关系数均达 0.7 以上；且随着植被覆盖等级的增高,所有的正相关性逐步降低,并当植被覆盖等级增加到高度植被覆盖时,其相关性完全变为负相关。以水质综合指数为例,当研究区植被覆盖等级为低度植被覆盖和较低度植被覆盖时,水质综合指数与之呈高度正相关,相关系数分别为 0.951 和 0.903；当研究区植被覆盖等级为中度植被覆盖时,水质综合指数与之呈现出一般正相关,相关系数为 0.247；当植被覆盖等级为中高度植被覆盖时,水质综合指数与之相关性变为负相关,相关系数为 -0.396；随着植被覆盖等级进一步增加,这种负相关关系继续保持。而溶解氧（DO）与较低度以下植被覆盖表现出高度负相关,随着植被覆盖等级的增加,其相关关系逐步变为正相关。

4.3.3.2　平均植被覆盖度与水质关系

　　将各个采样点水质指标与相应子流域的平均植被覆盖度在 SPSS 软件中进行相关分析,结果如表 4-25 所示。

表 4-25　平均植被覆盖度与各水质指标的相关性

水质指标	TP	COD	TN	NH₃-N	DO	水质综合指数
平均植被覆盖度	-0.673^{*}	-0.877^{**}	-0.789^{**}	-0.554	0.757^{**}	-0.765^{**}

　　注：* 表示 $P<0.05$,** 表示 $P<0.01$。

　　由表 4-25 可知,流域内平均植被覆盖度与总磷（TP）、总氮（TN）、氨氮（NH₃-N）、化学需氧量（COD）、水质综合指数均呈负相关,与溶解氧（DO）呈正相关。

　　结果表明,在该水源地河流周围植被覆盖度的高低对水质有着重要的影响,对流域的水环境起正作用。一方面,植物根部对污染物的地表径流的截留作用使得河流周边的林地能够减少水体污染；另一方面,低度和较低度植被覆盖区多数对应着建设用地和较裸露耕地,这也与 4.3.2 小节的研究结果相互印证。总之,研究区较高的植被覆盖度能够在较大程度上减少水质的污染。换言之,要想保证研究区达到规定的水质类别,保证相应的植被覆盖度必不可少。

4.3.4　综合生态环境对水质影响（由 RSEI 体现）

　　将各个采样点水质指标与相应子流域的平均 RSEI 在 SPSS 软件中进行相关分析,结果如表 4-26 所示。

表 4-26 平均 RSEI 与各水质指标的相关性

水质指标	TP	COD	TN	NH$_3$-N	DO	水质综合指数
平均 RSEI	−0.871**	−0.847**	−0.903**	−0.812**	0.894**	−0.918**

注：* 表示 $P<0.05$，** 表示 $P<0.01$。

由表 4-26 可见，各子流域内平均 RSEI 与总磷（TP）、总氮（TN）、氨氮（NH$_3$-N）、化学需氧量（COD）、水质综合指数均呈高度或显著负相关；与溶解氧（DO）呈高度正相关。说明好的生态环境对流域的水质污染起到一个重要的"汇"的作用。平均 RSEI 和平均植被覆盖度与各水质指标的相关关系具有一致性。

4.3.5 水土流失对水质影响

将各个采样点水质指标与相应子流域中各水土流失等级所占面积比在 SPSS 软件中进行相关分析，结果如表 4-27 所示。

表 4-27 水土流失等级与各水质指标的相关性

水质指标	TP	COD	TN	NH$_3$-N	DO	水质综合指数
微度流失	0.001	−0.460	−0.466	0.066	0.137	−0.092
轻度流失	−0.170	0.425	0.350	−0.193	0.077	−0.073
中度流失	0.162	0.636*	0.566	0.087	−0.310	0.272
强度流失	0.203	0.284	−0.035	−0.278	0.098	−0.221
极强度流失	0.704*	0.122	0.440	0.645*	−0.736**	0.655*
剧烈流失	0.694*	0.169	0.203	0.755**	−0.589	0.672*

注：* 表示 $P<0.05$，** 表示 $P<0.01$。

由于该区内水土流失主要集中在雨季，故这里只选用丰水期数据做水土流失与水质的相关性分析。如表 4-27 所示，总磷（TP）、氨氮（NH$_3$-N）和水质综合指数均与极强度以上水土流失在子流域中所占的面积比呈显著正相关；其中氨氮（NH$_3$-N）更是与剧烈流失呈现出高度正相关（0.755）；溶解氧（DO）则与极强度流失表现出高度负相关（−0.736）。这说明水土流失等级的增加会加剧区内的水质污染。

4.4 水质对生态环境要素响应模型建立

根据前文水质与各生态环境要素的相关性分析结果，以与各水质指标呈显著相关或高度相关的各生态环境要素为预测变量，以待估测的水质指标为因变量，建立生态环境因子对水质指标的预测模型。

4.4.1　各水质指标对生态环境要素响应模型建立

由前文的分析得出,在该研究区与各水质指标显著相关的生态环境要素有土地利用类型、植被覆盖、水土流失和遥感综合生态环境指数。本节将与各水质指标显著以上相关的生态环境因子作为预测变量,建立响应模型。由于水质指标与不同生态环境因子在枯水期和丰水期所表现出的相关程度有所不同,故分枯水期和丰水期分别建立各水质指标对生态环境因子的响应模型。建模过程在SPSS 软件的线性回归分析工具中实现,在统计(Statistics)选项卡中勾选"Durbin-Watson"和"Casewise Diagnostics",目的是进行异常值的观测量诊断和参与建模的各样本点的代回检验;在图表、点图(Plots)选项卡中勾选"Histogram"和"Normal probability Plot",目的是绘制标准化残差直方图和标准化残差正态概率图。

4.4.1.1　枯水期各水质指标对生态环境要素响应模型建立

(1)枯水期水质综合指数对生态环境因子的响应模型

由表 4-28 可见,通过 F 检验,模型是显著的(sig.<0.05),即预测变量与因变量线性关系明显。模型的相关平方(R^2)为 0.902,说明水质综合指数的全部变异中能通过建设用地的回归系数被建设用地解释的比例为 90.2%,接近 1。且通过 t 检验(对回归系数的检验),方程中建设用地对水质综合指数有显著的解释能力(sig.<0.05),回归方程如下:

$$水质综合指数＝1.230＋8.900×建设用地 \qquad (4\text{-}14)$$

表 4-28　枯水期水质综合指数与生态环境因子的回归方程显著性及回归系数检验

模型	相关性(R)	相关平方(R^2)	调整后的相关平方	D-W	F	sig.
1	0.950[a]	0.902	0.893	1.687	100.99	0.000[a]

回归系数[a]						
模型		非标准化系数		标准系数	t	sig.
		B	标准误差	Beta		
1	常量	1.230	0.063	—	19.623	0.000
	建设用地	8.900	0.886	0.950	10.049	0.000

注:a.因变量:水质综合指数。

方程(4-14)表明,研究区的水质综合指数主要取决于建设用地所占面积百分比。通过案例诊断(Casewise Diagnostics),将 13 个采样点的综合水质数据代回回归模型中得到预测值,与该点的实际值进行比较,将所有点绝对误差值除以实际值,再取均值,得到平均相对误差为 9.98%,回归效果较为满意,回归方程可用。由

图 4-58 所示的模型的标准化残差正态概率图和标准化残差直方图可见各观测的散点基本呈直线趋势且数据的残差是符合正态分布的,说明该方程有意义。

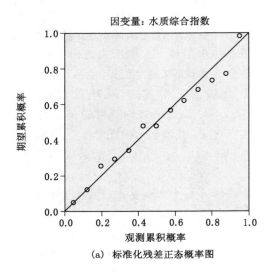

（a）标准化残差正态概率图

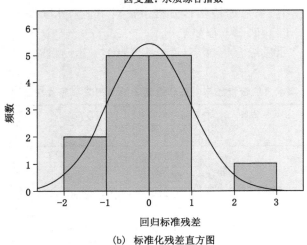

（b）标准化残差直方图

图 4-58　枯水期水质综合指数模型

（2）枯水期总磷（TP）对生态环境要素的响应模型

如表 4-29 所示,通过逐步回归法得到回归模型,相关平方（R^2）为 0.693,调整后的相关平方为 0.656,从 F 检验的显著性水平可以看出模型整体拟合效果很好，又通过 t 检验得解释变量建设用地面积百分比的显著性水平为 0.002（接近 0），由此说明解释变量的系数很显著。得到回归方程如下：

$$\ln(\text{TP}) = -4.876 + 18.634 \times \text{建设用地} \qquad (4\text{-}15)$$

表 4-29　枯水期总磷与生态环境因子的回归方程显著性及回归系数检验

模型	相关性（R）	相关平方（R^2）	调整后的相关平方	D-W	F	sig.
1	0.770[a]	0.693	0.656	1.998	23.991	0.000[a]

回归系数[a]						

模型		非标准化系数		标准系数	t	sig.
		B	标准误差	Beta		
1	常量	−4.876	0.330	—	−14.787	0.000
	建设用地	18.634	4.659	0.770	4.000	0.002

注：a.因变量：ln(TP)。

方程（4-15）表明，研究区的水中的总磷（TP）主要取决于建设用地所占面积百分比，建设用地是水中总磷（TP）的主要的"源"。通过案例诊断（Casewise Diagnostics），将所有采样点的综合水质数据代回回归模型中得到预测值，与该点的实际值进行比较，将所有点绝对误差值除以实际值，再取均值，得到平均相对误差为 18.45%，回归效果基本满足要求，回归方程可用。从图 4-59 中可见各观测的散点基本呈直线趋势且数据的残差是符合正态分布的，说明该方程有意义。

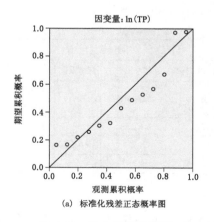

(a)　标准化残差正态概率图

图 4-59　枯水期总磷模型

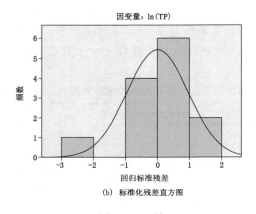

因变量：ln(TP)

(b) 标准化残差直方图

图 4-59 （续）

通过逐步回归后,枯水期的化学需氧量（COD）、总氮（TN）和溶解氧（DO）均无法通过各生态环境因子建立显著的回归方程,而氨氮（NH₃-N）的回归方程相对误差过大,不予采用。

4.4.1.2 丰水期各水质指标对生态环境要素响应模型建立

（1）丰水期水质综合指数对生态环境因子的响应模型

由表 4-30 可见,通过 F 检验,模型是显著的（sig.<0.05）,即预测变量与因变量线性关系明显。

表 4-30　丰水期水质综合指数与生态环境因子的回归方程显著性及回归系数检验

模型	相关性(R)	相关平方(R^2)	调整后的相关平方	D-W	F	sig.
1	0.968[a]	0.937	0.921	2.315	59.427	0.000[a]

回归系数[a]

模型		非标准化系数		标准系数	t	sig.	共线性统计量	
		B	标准误差	Beta			容差	方差膨胀因子(VIF)
1	常量	1.728	4.297	—	2.025	0.047	—	—
	平均 RSEI	−0.668	4.724	−0.317	−1.623	0.043	0.207	4.834
	建设用地	8.726	1.780	0.675	3.458	0.009	0.207	4.834

注：a.因变量:水质综合指数。

模型的相关平方为（R^2）0.937,说明水质综合指数的全部变异中能通过建设用地和平均 RSEI 的回归系数被解释的比例为 93.7%,接近 1。且通过 t 检验（对回归系数的检验）,方程中两个变量对水质综合指数均有显著的解释能力

（0.09和0.043）。同时模型中预测变量的容差为0.207，大于0.1，方差膨胀因子（VIF）为4.834，不大于10，表示进入回归方程的预测变量间多元共线性的问题不明显，回归方程如下：

$$水质综合指数 = 1.728 + 8.726 \times 建设用地 - 0.668 \times 平均 RSEI \quad (4\text{-}16)$$

方程（4-16）表明，研究区丰水期的水质综合指数主要取决于建设用地所占面积百分比和子流域的平均 RSEI。通过案例诊断（Casewise Diagnostics），将15个采样点的综合水质数据代回回归模型中得到预测值，与该点的实际值进行比较，将所有点绝对误差值除以实际值，再取均值，得到平均相对误差为5.71%，回归效果令人满意，回归方程可用。从图 4-60 中可见各观测的散点基本呈直线趋势且数据的残差符合正态分布，说明该方程有意义。

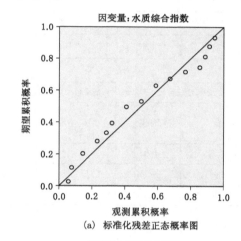

(a) 标准化残差正态概率图

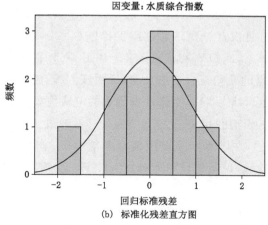

(b) 标准化残差直方图

图 4-60　丰水期水质综合指数模型

（2）丰水期总磷（TP）对生态环境因子响应模型

如表 4-31 所示，模型的相关平方（R^2）为 0.711，通过 F 检验，模型是显著的（sig.＝0.007，＜0.05），即预测变量与因变量线性关系明显。且通过 t 检验，方程预测变量对总磷（TP）有显著的解释能力，同时模型中预测变量的容差为 0.954，大于 0.1，方差膨胀因子（VIF）为 1.048，不大于 10，表示进入回归方程的预测变量间多元共线性的问题不明显，回归方程如下：

$$\ln(\text{TP}) = -7.213 + 16.668 \times 建设用地 + 49.907 \times 大于 25° 坡耕地$$

$$(4\text{-}17)$$

表 4-31　丰水期总磷（TP）与相关生态环境因子的回归方程显著性及回归系数检验

模型	相关性（R）	相关平方（R^2）	调整后的相关平方	D-W	F	sig.
1	0.843[a]	0.711	0.639	2.101	9.860	0.007

回归系数[a]

模型		非标准化系数		标准系数	t	sig.	共线性统计量	
		B	标准误差	Beta			容差	方差膨胀因子（VIF）
1	常量	−7.213	1.265	—	−5.703	0.000	—	—
	建设用地	16.668	4.196	0.772	3.973	0.004	0.954	1.048
	大于 25° 坡耕地	49.907	45.828	0.212	1.089	0.038	0.954	1.048

注：a.因变量：ln（TP）。

方程（4-17）表明，研究区丰水期水中的总磷（TP）主要取决于建设用地和大于 25° 坡耕地所占的面积百分比。通过案例诊断（Casewise Diagnostics），得到平均相对误差为 13.6％，回归效果满足要求。从图 4-61 中可见各观测的散点基本呈直线趋势且数据的残差符合正态分布，说明该方程有意义。

（3）丰水期氨氮（NH₃-N）对生态环境因素的响应模型

由表 4-32 可见，模型的相关平方（R^2）为 0.662，通过 F 检验，模型是显著的（sig.＝0.025，＜0.05），在丰水期建设用地对氨氮（NH₃-N）有显著的解释能力。且回归系数通过 t 检验，说明建设用地对氨氮（NH₃-N）有显著的解释能力，回归方程如下：

$$\ln(\text{NH}_3\text{-N}) = -3.618 + 12.612 \times 建设用地 \qquad (4\text{-}18)$$

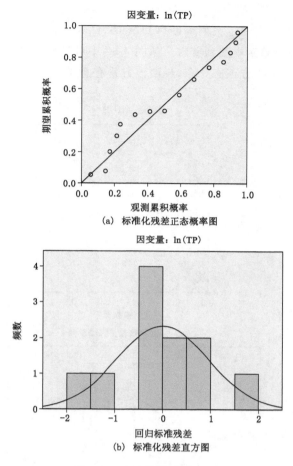

（a）标准化残差正态概率图

（b）标准化残差直方图

图 4-61　丰水期总磷模型

表 4-32　丰水期氨氮（NH₃-N）与相关生态环境因子的回归方程显著性及回归系数检验

模型	相关性(R)	相关平方(R^2)	调整后的相关平方	D-W	F	sig.
1	0.728[a]	0.662	0.606	1.471	16.045	0.025[a]

回归系数[a]						
模型		非标准化系数		标准系数	t	sig.
		B	标准误差	Beta		
1	常量	−3.618	0.370	—	−9.768	0.000
	建设用地	12.612	4.697	0.667	2.685	0.025

注：a. 因变量：ln（NH₃-N）。

方程(4-18)表明,研究区丰水期的河水中的氨氮(NH_3-N)主要由建设用地的面积百分比决定。通过案例诊断(Casewise Diagnostics),得到平均相对误差为19.4%,回归效果基本达到要求。从图4-62中可见各观测的散点基本呈直线趋势且数据的残差符合正态分布,说明该方程有意义。

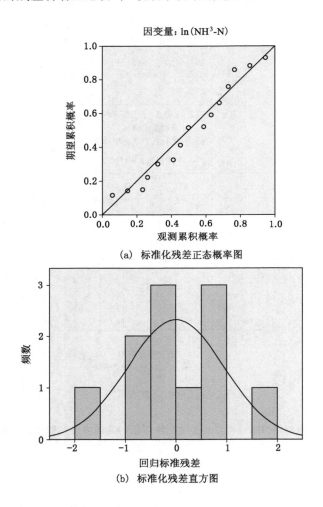

图 4-62　丰水期氨氮模型

(4) 丰水期溶解氧(DO)对生态环境因子的响应模型

由表4-33可见,通过F检验,模型是显著的(sig.=0.00,<0.05),在丰水期低度植被覆盖所占的面积百分比对溶解氧(DO)有显著的解释能力。模型

的相关平方(R^2)为 0.921,调整后的相关平方为 0.912,说明溶解氧(DO)的差异有 92.1% 能够被低度植被覆盖所占面积百分比的变化来解释。且通过 t 检验,方程中预测变量对变量有显著的解释能力(sig.<0.05)。回归方程如下:

$$\ln(DO) = 1.767 - 4.036 \times 低度植被覆盖 \tag{4-19}$$

表 4-33　丰水期溶解氧(DO)与相关生态环境因子的回归方程显著性及回归系数检验

模型	相关性(R)	相关平方(R^2)	调整后的相关平方	D-W	F	sig.
1	0.960[a]	0.921	0.912	1.668	104.887	0.000[a]

回归系数[a]						
模型		非标准化系数		标准系数	t	sig.
		B	标准误差	Beta		
1	常量	1.767	0.023	—	75.957	0.000
	低度植被覆盖	−4.036	0.394	−0.960	−10.241	0.000

注:a. 因变量:ln(DO)。

方程(4-19)表明,研究区丰水期的河水中的溶解氧(DO)可以由流域的低度植被覆盖面积百分比来预测。通过案例诊断(Casewise Diagnostics),得到平均相对误差为 3.04%,回归效果令人满意,方程可用。从图 4-63 中可见各观测的散点基本呈直线趋势且数据的残差符合正态分布,说明该方程有意义。

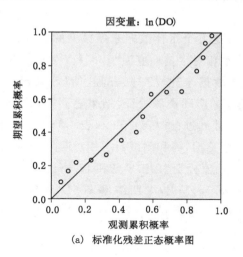

因变量:ln(DO)

(a) 标准化残差正态概率图

图 4-63　丰水期溶解氧模型

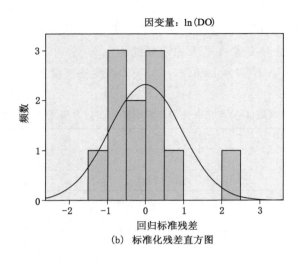

(b) 标准化残差直方图

图 4-63 （续）

通过逐步回归后,丰水期的化学需氧量(COD)和总氮(TN)的回归方程相对误差过大,样本点代回检测误差较大,方程无实际意义,不予采用。

4.4.2 响应模型实际预测验证

模型均经过了统计检验,但响应模型的实际预测效果还要经过实际预测检验。在枯水期共采 16 个有效水样,用其中 13 个水样数据来建立回归方程,用 KS-5、KS-10 和 KS-13 这 3 个水样数据来做模型的实际预测验证,结果表明枯水期水质综合指数模型相对误差均值为 7.33%。在丰水期共采集 19 个有效水样,用其中 15 个水样数据来建立回归方程,用 FS-5、FS-9、FS-15 和 FS-18 这 4 个水样数据来做模型的实际预测验证,结果表明丰水期水质综合指数模型相对误差均值为 5.91%,计算过程如表 4-34 和表 4-35 所示。同样,用相应的回归模型计算出检验点的预测值,再和测试值求相对误差,得到枯水期和丰水期总磷(TP)模型的相对误差均值分别为 16.13% 和 12.56%;丰水期氨氮(NH$_3$-N)模型的相对误差均值为 19.55%;丰水期溶解氧(DO)模型的相对误差均值为 5.712%。总体上各模型的预测值与实际值的相对误差均值都在 20% 以内,满足预测要求。

表 4-34 枯水期水质模型实际预测验证

采样点编号	由回归模型计算出水质综合指数 $=1.230+8.900×$建设用地	由采样点水质指标计算出枯水期水质综合指数 $=0.1815TN+0.3696TP+0.1336COD+0.2052NH_3\text{-}N+0.1101DO$	相对误差
KS-5	1.350 988	1.278 61	0.053 574 1
KS-10	1.409 90	1.292 95	0.082 949 1
KS-13	1.159 16	1.062 35	0.083 517 3
平均相对误差			0.073 346 8

表 4-35 丰水期水质模型实际预测验证

采样点编号	由回归模型计算出水质综合指数 $=1.728+8.726×$建设用地 $-0.668×$平均 RSEI	由采样点水质指标计算出丰水期水质综合指数 $=0.1627TN+0.3642TP+0.1563COD+0.1686NH_3\text{-}N+0.1482DO$	相对误差
FS-5	1.794	1.651 51	0.079 425 9
FS-9	1.849 767	1.9	0.027 156 4
FS-15	1.786 03	1.690 44	0.053 520 9
FS-18	2.148 919	1.984 441	0.076 540 1
平均相对误差			0.059 160 8

总之,通过逐步多元线性回归分析可知,没有哪种单一的生态环境因子可以描述所有的水质指标,但大多数水质指标可以通过一两种生态环境因子函数来大致预测。水质综合指数可以被建设用地和平均 RSEI 共同预测;总磷(TP)可以被建设用地和大于 25°坡耕地预测;氨氮(NH_3-N)可以被建设用地预测;而溶解氧(DO)可以被低度植被覆盖预测。

由表 4-36 和表 4-37 可见,对于枯水期,水质指标由土地利用类型中的建设用地来预测;而对于丰水期,水质指标由土地利用类型中的建设用地和大于 25°坡耕地、低度植被覆盖及平均 RSEI 预测共同预测。由于低度植被覆盖与建设用地呈高度线性正相关,可以说低度植被覆盖区域的主要组成为建设用地,除此之外还包括一些较为裸露的耕地、灌草、裸岩等未利用地。

表 4-36 枯水期各水质指标对主要生态环境因子响应模型汇总

水质指标	响应模型
水质综合指数	水质综合指数＝1.230＋8.900×建设用地
总磷（TP）	ln（TP）＝－4.876＋18.634×建设用地

表 4-37 丰水期各水质指标对主要生态环境因子响应模型汇总

水质指标	响应模型
水质综合指数	水质综合指数＝1.728＋8.726×建设用地－0.668×平均 RSEI
总磷（TP）	ln（TP）＝－7.213＋16.668×建设用地＋49.907×大于 25°坡耕地
氨氮（NH$_3$-N）	ln（NH$_3$-N）＝－3.618＋12.612×建设用地
溶解氧（DO）	ln（DO）＝1.767－4.036×低度植被覆盖

4.5 水质对生态环境变化响应机制及生态环境保护对策研究

由前文的分析可得,在点源污染得到控制的情况下,决定研究区水质的最主要的生态环境要素就是区内的土地利用结构。本节首先利用土地利用转移矩阵,在 4.3.2 小节的基础上进一步分析了土地利用类型的变化量与水质指标变化量之间的相互关系。然后利用 4.4 节建立起的各水质指标对各生态环境因子的响应模型,研究了该水源地 1988—2013 年生态环境因子的变化引起的水质的变化。

4.5.1 2009—2013 年间水质变化对土地利用变化响应研究

为了进一步分析区内各类土地利用类型变化量与污染物浓度变化量之间的关系,本节在常规监测断面尺度上,利用已经收集到的 2009 年和 2013 年两个时期的研究区贵州省内 5 个省控断面的水质监测数据（DO、COD$_{Mn}$、NH$_3$-N、TP）,结合 2009 年和 2013 年的土地利用变化情况,力求进一步论证和分析研究区土地利用类型对水质的影响及污染物的来源。常规监测断面的位置如图 4-64 所示,沿河干流从上游到下游断面名称依次为清水铺、清池、黄岐坳、小河口和茅台。其中小河口断面为茅台酒厂取水口,茅台断面则是茅台酒厂所在地。

4.5.1.1 土地利用转移矩阵

土地利用转移矩阵来源于系统分析中对系统状态与状态转移的定量描述（刘瑞 等,2010）,该转移矩阵是用二维表表示的同一地区不同时间段内各土地利用类型间的相互转换关系。

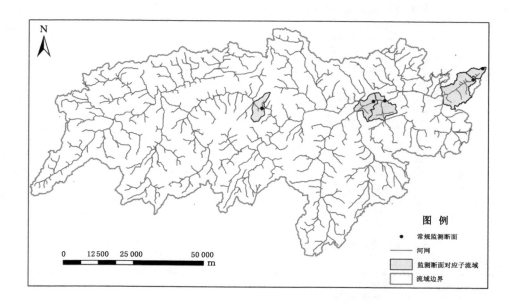

图 4-64　贵州省内 5 个常规监测断面位置

表 4-38 中, T 表示不同的年份, A 表示不同土地利用类型, P 表示转移的土地利用类型占该类用地面积百分比。土地利用类型数量的绝对变化量称为净变化量;而一个地类在一个地方转换为其他地类,同时在另外的地方又由其他地类转换为该地类的量称为交换变化量;两者之和称为土地利用的总变化量(段增强等,2005)。由表 4-38 的计算模式分别计算得到 5 个常规监测断面所在子流域土地利用转移矩阵和变化信息,如表 4-39 至表 4-48 所示。

表 4-38　土地利用转移矩阵

		T_2				P_{i+}	减少
		A_1	A_2	...	A_n		
T_1	A_1	P_{11}	P_{12}	...	P_{1n}	P_{1+}	$P_{1+}-P_{11}$
	A_2	P_{21}	P_{22}	...	P_{2n}	P_{2+}	$P_{2+}-P_{22}$
	...	...	...	...	...	...	...
	A_n	P_{n1}	P_{n2}	...	P_{nn}	P_{n+}	$P_{n+}-P_{nn}$
P_{+j}		—	P_{+1}	P_{+2}	...	P_{+n}	1	—
新增		—	$P_{+1}-P_{11}$	$P_{+2}-P_{22}$	...	$P_{+n}-P_{nn}$	—	—

表 4-39　清水铺断面所在子流域 2009—2013 年土地利用转移矩阵

单位:%

清水铺断面		2013 年				合计	减少
		林地	建设用地	耕地	灌草		
2009 年	林地	32.51	0.11	7.24	8.68	48.54	16.03
	建设用地	0.01	0.26	0.02	0.07	0.36	0.10
	耕地	8.09	0.61	12.75	8.22	29.67	16.92
	灌草	4.74	0.23	4.33	12.12	21.42	9.30
合计		45.35	1.21	24.34	29.09	100	—
新增		12.84	0.95	11.59	16.97	—	—

注:表内数据为修约数。

表 4-40　清水铺断面所在子流域 2009—2013 年土地利用变化信息

单位:%

清水铺断面	新增	减少	总变化	交换变化量	净变化
林地	12.84	16.03	28.87	25.68	−3.19
建设用地	0.95	0.10	1.05	0.20	0.85
耕地	11.59	16.92	28.52	23.18	−5.34
灌草	16.97	9.30	26.27	18.60	7.67

表 4-41　清池断面所在子流域 2009—2013 年土地利用转移矩阵

单位:%

清池断面		2013 年				合计	减少
		林地	建设用地	耕地	灌草		
2009 年	林地	14.93	0.04	3.01	11.39	29.37	14.44
	建设用地	0.06	1.37	0.15	0.17	1.75	0.38
	耕地	7.64	0.76	5.05	12.71	26.16	21.11
	灌草地	12.80	0.29	4.24	25.40	42.73	17.33
合计		35.43	2.46	12.45	49.67	100	—
新增		20.50	1.09	7.40	24.27	—	—

注:表内数据为修约数。

表 4-42　清池断面所在子流域 2009—2013 年土地利用变化信息

单位：%

清池断面	新增	减少	总变化	交换变化量	净变化
林地	20.50	14.44	34.94	28.88	6.06
建设用地	1.09	0.38	1.47	0.76	0.71
耕地	7.40	21.11	28.51	14.80	−13.71
灌草	24.27	17.33	41.60	34.66	6.94

表 4-43　黄岐坳断面所在子流域 2009—2013 年土地利用转移矩阵

单位：%

黄岐坳断面		2013 年				合计	减少
		林地	建设用地	耕地	灌草		
2009 年	林地	13.56	0.08	2.57	15.64	31.85	18.29
	建设用地	0.01	0.08	0.02	0.02	0.13	0.05
	耕地	6.39	0.67	4.89	9.92	21.87	16.98
	灌草	13.29	0.43	3.59	28.85	46.16	17.31
合计		33.25	1.26	11.07	54.43	100	—
新增		19.69	1.18	6.18	25.58	—	—

注：表内数据为修约数。

表 4-44　黄岐坳断面所在子流域 2009—2013 年土地利用变化信息

单位：%

黄岐坳断面	新增	减少	总变化	交换变化量	净变化
林地	19.69	18.29	37.98	36.58	1.40
建设用地	1.18	0.05	1.23	0.10	1.13
耕地	6.18	16.98	23.16	12.36	−10.80
灌草	25.58	17.31	42.89	34.62	8.27

表 4-45　小河口断面所在子流域 2009—2013 年土地利用转移矩阵

单位：%

小河口断面		2013 年				合计	减少
		林地	建设用地	耕地	灌草		
2009 年	林地	35.92	0.25	3.79	9.69	49.65	13.73
	建设用地	0.01	0.09	0.07	0.06	0.23	0.14
	耕地	4.77	0.57	8.98	6.64	20.96	11.98
	灌草	15.02	0.22	4.05	9.86	29.15	19.29

表 4-45(续)

小河口断面	2013 年				合计	减少
	林地	建设用地	耕地	灌草		
合计	55.72	1.13	16.89	26.25	100	—
新增	19.80	1.04	7.91	16.39	—	—

注:表内数据为修约数。

表 4-46　小河口断面所在子流域 2009—2013 年土地利用变化信息

单位:%

小河口断面	新增	减少	总变化	交换变化量	净变化
林地	19.80	13.73	33.53	27.46	6.07
建设用地	1.04	0.14	1.18	0.28	0.90
耕地	7.91	11.98	19.89	15.82	−4.07
灌草	16.39	19.29	35.68	32.78	−2.90

表 4-47　茅台断面所在子流域 2009—2013 年土地利用转移矩阵

单位:%

茅台断面		2013 年				合计	减少
		林地	建设用地	耕地	灌草		
2009 年	林地	13.21	0.79	1.24	7.67	22.91	9.70
	建设用地	0.27	10.72	1.71	3.44	16.14	5.42
	耕地	3.19	4.39	5.17	12.84	25.59	20.42
	灌草	5.42	4.70	5.32	19.93	35.37	15.44
合计		22.09	20.60	13.44	43.88	100	—
新增		8.88	9.88	8.27	23.95	—	—

注:表内数据为修约数。

表 4-48　茅台断面所在子流域 2009—2013 年土地利用变化信息

单位:%

茅台断面	新增	减少	总变化	交换变化量	净变化
林地	8.88	9.70	18.58	17.76	−0.82
建设用地	9.88	5.42	15.30	10.84	4.46
耕地	8.27	20.42	28.69	16.54	−12.15
灌草	23.95	15.44	39.39	30.88	8.51

4.5.1.2　各子流域土地利用转移矩阵

（1）清水铺子流域

清水铺断面为研究区从云南省进入贵州省的第一个断面,由表 4-39 和表 4-40 可知,清水铺断面所在子流域 2009 年至 2013 年间,建设用地和灌草净增加,净增量分别为 0.85% 和 7.67%;林地和耕地净减少,净减少量分别为 3.19% 和 5.34%。从土地利用转移矩阵可以看出建设用地的净增加主要是侵占了耕地(0.61% — 0.02%)和灌草(0.23%—0.07%),而灌草的增加主要来自耕地和林地。

（2）清池子流域

金沙清池断面所在子流域由表 4-41 和表 4-42 可见,除耕地净减少之外(—13.71%),其他土地利用类型均有所增加,其中林地和灌草的净增加均主要是由耕地转换而来,分别为 7.64% 和 12.71%,该变化与这些年来的退耕还林还草政策相吻合。

（3）黄岐坳子流域

金沙县和仁怀市交界处的黄岐坳断面所在子流域,由表 4-43 和表 4-44 可见,同样是耕地净减少最多(—10.80%),减少的耕地主要转换为林地(6.39% — 2.57%)和灌草(9.92% — 3.59%),其余耕地多被建设用地侵占(0.67% — 0.02%)。

（4）小河口子流域

小河口断面所在子流域由表 4-45 和表 4-46 可见,净变化幅度最大的是林地(6.07%),主要来自灌草(15.02% — 9.69%);净变化幅度最小的是建设用地(0.90%),主要来自耕地(0.57%～0.07%)和灌草(0.22%—0.06%)。耕地和灌草都是净减少(—4.07% 和 —2.90%),相应减少的耕地多转换成灌草(6.64%—4.05%),而减少的灌草多转换成林地。

（5）茅台子流域

茅台断面子流域由表 4-47 和表 4-48 可见,2009 年到 2013 年耕地和林地净减少,其中耕地净减少幅度最大(—12.15%),减少的耕地转换成了灌草、建设用地、和林地。建设用地和灌草净增加(4.46% 和 8.51%),增加的建设用地主要来自耕地(4.39%—1.71%)和灌草(4.70%—3.44%);而增加的灌草主要来自耕地(12.84%—5.32%)。

从 5 个断面所在子流域的总的土地利用变化情况来看,2009 年到 2013 年间,在退耕还林还草政策的影响下,耕地面积都在减少,减少的耕地多数转换成了灌草和林地,也有部分被建设用地侵占。而在城镇化进程加快的大趋势下,建设用地面积都在增加,增加的建设用地主要来自耕地和灌草。

4.5.1.3 水质变化对土地利用变化响应

2009 到 2013 年 5 个常规监测断面各水质指标变化量如表 4-49 所示,其间氨氮(NH_3-N)和高锰酸盐指数(COD_{Mn})均增加;各断面溶解氧(DO)均减少;茅台、小河口和黄岐坳断面总磷(TP)增加,而清水铺和清池断面总磷(TP)减少。

表 4-49　2009—2013 年各断面各水质指标变化量

断面名称	溶解氧(DO)	高锰酸盐指数(COD_{Mn})	氨氮(NH_3-N)	总磷(TP)
茅台	-1.3	0.2	0.326	0.011 5
小河口	-1.89	0.39	0.123	0.004 5
黄岐坳	-0.095	0.65	0.184	0.015
清池	-0.1	0.2	0.044 5	-0.028 5
清水铺	-0.075	0.15	0.096	-0.008

将 5 个断面所在子流域的土地利用净变化面积百分比和 5 个断面监测的水质指标浓度变化量做相关性分析,结果如表 4-50 所示。

表 4-50　土地利用净变化面积百分比与 5 个断面水质指标浓度变化量的相关性

指标	△林地	△建设	△耕地	△灌草
ΔDO	-0.003	-0.348	-0.644	0.685
ΔCODMN	0.239	-0.236	0.021	-0.144
ΔNH_3-N	-0.432	0.925*	-0.241	0.275
ΔTP	-0.300	0.900*	0.200	0.600

注:* 表示 $P<0.05$,** P 表示 <0.01。

氨氮(NH_3-N)的增加量和总磷(TP)的变化量均与建设用地的增加量呈显著正相关,这与前面的研究结论一致,进一步说明在该研究区城镇与农村建设用地和承载在其上的各种生产生活污染物是氨氮和总磷污染的最主要来源,且其影响的强烈程度掩盖了其他土地类型对水质的影响。

4.5.1.4 水质对来自不同用地类型建设用地的响应

2013 年比 2009 年新增的建设用地主要来自灌草、耕地和林地,而灌草、耕地和林地对水质指标的影响大相径庭,所以由它们转化而来的建设用地对水质的影响程度也不尽相同,表 4-51 显示了各断面所在子流域中分别由耕地、林地和灌草转化来的建设用地面积比。将各断面所在子流域中各种来源的建设用地面积比与各水质指标浓度变化量做相关性分析,结果如表 4-52 所示。

表 4-51　各断面所在子流域增加的建设用地的来源

单位:%

断面名称	建设用地		
	由耕地净转来	由灌草净转来	由林地净转来
清水铺	0.60	0.16	0.10
茅台	2.68	1.27	0.51
清池	0.61	0.12	−0.02
黄岐坳	0.65	0.41	0.07
小河口	0.50	0.16	0.24

表 4-52　各种来源的建设用地与各监测断面水质指标浓度变化量的相关性

建设用地来源	DO	COD_{Mn}	NH_3-N	TP
由耕地净转建设用地	−0.295	−0.305	0.889 *	0.396
由灌草净转建设用地	−0.269	−0.104	0.960 * *	0.558
由林地净转建设用地	−0.716	−0.197	0.975 * *	0.600

注:* 表示 $P<0.05$,* * P 表示<0.01。

由表 4-52 可得出,由灌草和林地净转建设用地面积百分比与氨氮的增加量呈高度正相关($P\leqslant0.01$),由耕地净转建设用地面积百分比与氨氮的增加量呈显著正相关($P\leqslant0.05$)。即由侵占林地、灌草和耕地增加的建设用地与氨氮的增加量表现出强相关性,并且,由灌草和林地转换而来的建设用地与氨氮增加量的相关性更强。由此说明,首先耕地中的水质污染物在转换过程中带入建设用地中,加重了建设用地的 NH_3-N 污染;由于林地和灌丛本身对水质的正作用,使得侵占林地和灌草的建设用对水质的负影响翻了倍。

4.5.2　研究区 1988—2013 年水质对生态环境变化响应

由 4.2 节的研究可知,1988—2013 年流域的生态环境总体上逐步变好。虽然生态环境是变好了,但生态差和生态较差这两部分面积的减少主要是植被覆盖等级的增加、裸岩和裸土面积的减少造成的;而伴随着城镇化的进程,建设用地的面积不断增大,由 4.3 节的研究成果可知,建设用地对研究区水质的强烈的“源”的作用,使得建设用地面积的增加直接影响了水质。本节以 5 个常规监测断面为例,计算了相应子流域内土地利用、植被覆盖度等级和平均 RSEI 的变化导致的水质变化。

4.5.2.1　主要生态环境因子变化

由 4.4 节已建立起来的水质对生态环境要素的响应模型可知,在众多影响水质的生态环境因子中,最终进入预测模型的因子有建设用地、大于 25°坡耕地、低度植被覆盖和平均遥感综合生态环境指数(RSEI)。要研究 1988—2013 年由生态环境变化造成的水质变化量,需先统计出预测模型涉及的各生态环境因子的变化量,如表 4-53 所示。

表 4-53　预测模型涉及的各生态环境因子的变化量

断面名称	建设用地面积比		大于 25°坡耕地面积比		低度植被覆盖面积比		平均 RSEI	
	2001—2013 年	1988—2001 年	2001—2013 年	1988—2013 年	2001—2013 年	1988—2001 年	2001—2013 年	1988—2001 年
茅台	0.168	0.039	−0.039	−0.028	0.176	0.007	−0.051	−0.010
小河口	0.072	0.010	−0.033	−0.034	0.083	0.004	0.015	0.042
黄岐坳	0.005	0.004	−0.053	−0.050	0.005	0.001	0.056	0.074
清池	0.009	0.011	−0.074	−0.050	0.005	0.003	0.059	0.074
清水铺	0.003	0.009	−0.036	−0.040	0.003	0.002	0.049	0.037

由表 4-53 可知,1988—2013 年研究区的建设用地和低度植被覆盖区域面积不断增加,大于 25°坡耕地面积在持续减小;且后 12 年间(2001—2013 年)的变化幅度总体上大于前 13 年(1988—2001 年)的。在区域生态环境不断变好和改善的大前提下(平均 RSEI 增大),茅台断面所在子流域的平均 RSEI 却在不断减小,其原因主要是该子流域内建设用地面积大幅度增加,特别是 2001 到 2013 年这 12 年间建设用地面积以每年 1.4% 的速度增加,共增加了 16.8%。

4.5.2.2　生态环境因子变化导致水质变化

在点源污染得到控制的情况下,分别由各水质指标预测模型计算出各水质指标随生态环境因子变化的变化量。由于预测模型是分别针对枯水期和丰水期建立的,在本节的计算过程中,对于水质综合指数、总磷(TP),分别求了丰水期和枯水期两期预测模型的平均值。而对于氨氮(NH_3-N)和溶解氧(DO),由于只建立了丰水期预测模型,就用丰水期的浓度变化量代表了该年度的浓度变化量。由各水质模型计算出的各水质指标变化量如表 4-54～表 4-57所示。

表 4-54　由水质模型计算的水质综合指数变化情况

断面名称	水质模型	水质综合指数平均值			水质综合指数变化量	
		2013 年	2001 年	1988 年	2001—2013 年	1988—2001 年
茅台	水质综合指数(丰水期)=1.728 +8.726×建设用地−0.668×平均 RSEI	3.338	1.841	1.491	1.497	0.350
小河口		2.026	1.394	1.319	0.631	0.075
黄岐坳	水质综合指数(枯水期)=1.230 +8.900×建设用地	1.352	1.328	1.318	0.024	0.010
清池		1.462	1.399	1.327	0.063	0.071
清水铺		1.397	1.384	1.315	0.013	0.069

表 4-55　由水质模型计算的总磷(TP)变化情况

断面名称	水质模型	总磷(TP)平均值/(mg/L)			总磷(TP)变化量/(mg/L)	
		2013 年	2001 年	1988 年	2001—2013 年	1988—2001 年
茅台	ln(TP)(丰水期)=−7.213 +16.668×建设用地+49.907×大于 25°坡耕地	0.302	0.022	0.023	0.281	−0.001
小河口		0.025	0.013	0.047	0.012	−0.034
黄岐坳		0.006	0.020	0.168	−0.014	−0.149
清池	ln(TP)(枯水期)=−4.876 +18.634×建设用地	0.007	0.052	0.564	−0.044	−0.513
清水铺		0.006	0.010	0.046	−0.004	−0.035

表 4-56　由水质模型计算的溶解氧(DO)变化情况

断面名称	水质模型	溶解氧(DO)/(mg/L)			溶解氧(DO)变化量/(mg/L)	
		2013 年	2001 年	1988 年	2001—2013 年	1988—2001 年
茅台	ln(DO)(丰水期)=1.767 −4.036×低度植被覆盖	2.224	4.524	4.648	−2.300	−0.124
小河口		3.980	5.561	5.653	−1.581	−0.092
黄岐坳		5.635	5.723	5.742	−0.089	−0.018
清池		5.362	5.478	5.535	−0.115	−0.057
清水铺		5.521	5.582	5.621	−0.060	−0.040

表 4-57　由水质模型计算的氨氮(NH_3-N)变化情况

断面名称	水质模型	氨氮(NH_3-N)/(mg/L)			氨氮(NH_3-N)变化量 /(mg/L)	
		2013 年	2001 年	1988 年	2001 —2013 年	1988 —2001 年
茅台	$\ln(NH_3$-N)(丰水期)$=-3.618$ $+12.612\times$建设用地	0.468	0.058	0.035	0.410	0.023
小河口		0.076	0.031	0.027	0.045	0.004
黄岐坳		0.030	0.028	0.026	0.002	0.001
清池		0.035	0.031	0.027	0.004	0.004
清水铺		0.032	0.030	0.027	0.001	0.003

　　小河口断面是茅台酒厂的取水口,而茅台断面是茅台镇所在地。本节重点对小河口断面和茅台断面进行分析,其他断面的数据见表 4-54 至表 4-57,不做详细描述。

　　由表 4-54 至表 4-57 可知,对于茅台断面,从 2001 年到 2013 年这 12 年间,建设用地面积比增加了 16.8%,低度植被覆盖面积比增加了 17.6%,平均 RSEI 减少了 0.051,因为子流域建设用地的快速增长(年增长速度近 1.4%)和平均 RSEI 的减小,增大了水质综合指数的值(增加 1.497),综合水质由接近Ⅱ类水(1.841)发展到Ⅲ类水(3.338);总磷(TP)含量增加了 0.281 mg/L,氨氮(NH_3-N)含量增加了 0.410 mg/L,溶解氧(DO)含量减少了 2.3 mg/L。从 1988 年到 2001 年这 13 年间,建设用地面积增加了 3.9%,低度植被覆盖面积增加了 0.7%,平均 RSEI 减少了 0.01,水质综合指数的值增加了 0.350,氨氮含量增加了 0.023 mg/L,总磷含量和溶解氧减少了 0.001 mg/L 和 0.124 mg/L。

　　对于小河口断面,从 2001 年到 2013 年这 12 年间,建设用地面积增加了 7.2%,低度植被覆盖面积增加了 8.3%,平均 RSEI 增加了 0.015;水质综合指数增加了 0.631,综合水质由Ⅰ类水(1.394)发展到Ⅱ类水(2.026);总磷(TP)含量和氨氮(NH_3-N)含量分别增加了 0.012 mg/L 和 0.045 mg/L,溶解氧(DO)含量减少了 1.581 mg/L。从 1988 年到 2001 年这 13 年间,建设用地面积增加了 1%,而低度植被覆盖面积增加了 0.4%,平均 RSEI 增加了 0.042,由此决定的水质综合指数增加了 0.075,总磷含量和氨氮含量分别变化了 0.034 mg/L 和 0.004 mg/L,溶解氧(DO)含量减少了 0.092 mg/L。

　　一般来讲,耕地面积的大幅减少,会减少农药和化肥(氮肥、磷肥)的施用总量,从而相应地减轻总氮、总磷、氨氮的污染;但是伴随着建设用地面积的大幅增加,又会增加氮、磷的输出。由表 4-54 至表 4-57 可知,总体上随着坡耕地面积的减小,总磷的浓度在降低,但在建设用地面积大幅度增长的茅台和小河口子流域,虽然坡耕地面积在大量减少,但总磷的浓度并未减少,相反保持增加趋势,这可能是坡耕地的减少对总磷输出的削弱作用和建设用地的增加对总磷输出的增强作用相互抵消的结果。另外,氨氮的浓度在增加,尤其是在 2001 年至 2013 年间氨氮浓度增幅更大,这说明研究区建设用地的增加对氨氮输出的增强作用远远大于坡耕地的减少对氨氮输出的削弱作用。

4.5.3　茅台酒水源地生态环境保护对策研究

4.5.3.1　合理规划建设用地,改善农村基础设施

由本研究得出,在点源污染已经基本得到控制的情况下,该水源地内的建设用地所占的面积比例对流域水质起着决定性作用。基于水源地保护的目的,在规划河流两侧用地类型时,应尽量减少建设用地,增强地表下渗功能,特别是对于茅台酒取水口所在小河口子流域。对于整个流域在城镇化趋势无法阻挡的情况下,本书建议加强对城市和农村生活垃圾的无害化处理,并尽量减少城镇及农村居民点各种垃圾的地表堆放,大力兴建污水处理厂,严禁在水源地内填埋各种生活生产垃圾,以期有效减小流域内非点源污染的输出量。

4.5.3.2　加大退耕力度

通过 4.3 节的分析可知,大于 25°的坡耕地与总磷(TP)、氨氮(NH_3-N)和水质综合指数均呈显著的正相关关系。坡耕地特别是坡度大于 25°的坡耕地容易造成水土流失和农业面源污染,导致水体中的营养元素含量上升。因此研究区还需进一步加大退耕还林还草的力度。随着社会经济的不断发展,特别是近年来,区内农业人口占总人口的比例持续下降,城镇化速度加剧,工业化的发展吸收大量的农村剩余劳动力,而劳动力的大量转移对于改变传统耕作模式,减少开垦和耕种坡耕地均有着极其重要的意义。

4.5.3.3　加强石漠化综合治理、降低裸岩率

由本章 4.2 节的研究得出,裸露的岩石会通过热度指数和植被覆盖度,影响研究区综合生态环境指数和相关水质指标。要保证区域生态环境朝着良性的方向发展,必须加强区内石漠化综合治理、降低裸岩率。2008 年国务院批复的《岩溶地区石漠化综合治理规划大纲(2006—2015)》,对我国西南岩溶地区 451 个县进行石漠化综合治理,其中包括贵州省 78 个县,茅台酒水源地所在的大方县、金沙县、毕节市七星关区都在治理工程范围内。

4.5.3.4　降低人口密度、推进生态移民

茅台酒厂所在地茅台镇不到 5 km² 的城区,生活着 2.5 万余人。这座千年酒镇已严重超过合理的环境承载力,按照茅台镇的面积和地形等自然环境条件,

该区域的人口承载能力约为 1 万人。为了缓解茅台镇周围工业和城镇的迅速发展对该区生态环境造成的压力,保护茅台酒必要的自然和生产环境,维持其可持续发展的空间,仁怀市启动了茅台镇居民搬迁计划,用 5 至 10 年时间,从茅台镇搬迁居民 1.5 万余人,使茅台酒酿造生态功能得到有效的保护和持续利用,水质长期保持 II 类以上,从而实现该流域经济、社会、环境的协调健康发展。

4.5.3.5　控制区内农业面源污染

由前面的分析可知,耕地是茅台酒水源地最主要的土地利用类型,其中占耕地总面积 15% 的大于 25° 的坡耕地是造成水质非点源污染的一个重要因素,该因素也进入氨氮的预测模型中。要从根本上解决耕地对该区域水质污染的问题,除了坡地退耕之外,还应当加强农业面源污染的治理,加强畜禽养殖污染防治,加大宣传、提高认知,积极引导当地农民更合理地施用化肥和农药,控制施用总量。

第 5 章　坡地景观对河流水质影响的时空差异研究

5.1　坡地景观特征提取及差异分析

5.1.1　研究区地理空间划分

5.1.1.1　子流域划分

根据多位学者的相关研究成果(Xu et al.,2020;Li et al.,2020)和课题组前期研究进展(蔡宏 等,2018;林国敏,2019;康文华 等,2020),结合赤水河流域的地形地貌特征,本研究选择子流域尺度来研究坡地景观特征对赤水河流域河流水质的影响。

以经过拼接和裁剪的 DEM 数据为基础,使用 ArcGIS 10.2 软件的水文分析模块对 DEM 进行填注。因 DEM 表面存在凹陷区域,这些区域存在异常低值,使得该区域在进行水流流向计算时得到不合理的结果。故首先对 DEM 数据进行填注,得到无洼地的 DEM;其次,利用 D8 算法计算水流方向,针对每一个栅格,将其高程与周围 8 个栅格进行比较,得到水流方向;最后,根据生成的栅格数据得到汇流累积量。

当汇流流量达到一定值的时候,就会产生地表水流,那么所有汇流流量大于阈值的栅格就是潜在的水流路径,由这些水流路径构成的网络就是河网。阈值需人为设定且与定义的汇水面积有关。结合现有地形图进行阈值调试,最终将阈值设定为 1 000,即在某个栅格的上游有 1 000 个栅格的水流流经这个栅格,则将这个栅格定义为河流。本研究使用数据的栅格大小是 30 m,即如果某个栅格点上游的汇水面积超过 $0.9~km^2$,则认为这里是河流。

子流域的划分方法为:根据确定出水点,结合水流方向数据,搜索出从上游汇入该出水点的栅格,将这些栅格所在的范围划定为这个出水点上的子流域。根据上述方法得到的划分结果,再经过分割、合并,最终得到 28 个子流域,赤水河流域子流域和水质采样点分布如图 5-1 所示。在每个子流域的支流汇入干流前设置水质采样点。

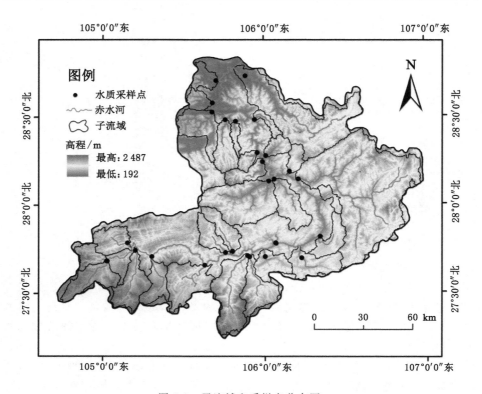

图 5-1　子流域和采样点分布图

5.1.1.2　流域坡度分级

如表 5-1 所示,根据全国农业区划委员会制定的《土地利用现状调查技术规程》等相关规定,将流域内的坡度分为 3 个等级,坡度边界为 6°和 25°。

表 5-1　坡度分级标准

代码	类别	坡度/(°)	划分标准
A	平地	0～6	无水土流失或轻度水土流失可发生
B	缓坡	6～25	中度至重度水土流失,且水土流失面积随坡度的增加而增加
C	陡坡	>25	达到水土流失临界坡度,超过 25°严格禁止开垦

使用 ArcGIS 10.2 软件的空间分析工具,将流域坡度栅格影像重采样,0°～6°为平地区域,6°～25°为缓坡区域,>25°为陡坡区域。如图 5-2 所示,研究区以6°～25°缓坡区域为主,占流域总面积的 67.19%;>25°的陡坡区域次之,占流域总面积的 22.29%;0°～6°的平地区域最少,占流域总面积的 10.52%。

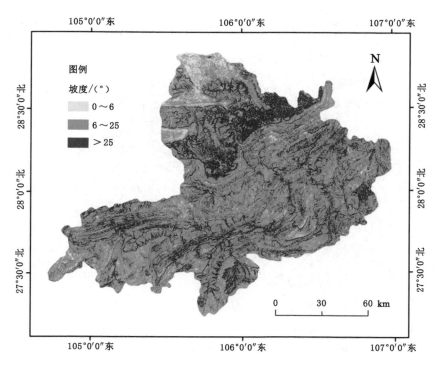

图 5-2　研究区坡度分级

5.1.1.3　大小地形起伏地区划分

研究区各子流域地形特征见附录附表 1，赤水河各子流域的平均高程为 403～1 585 m，高程标准差为 147～389 m；平均地形起伏度为 85～207 m，地形起伏度标准差为 40～82 m。这表明赤水河流域地形复杂多变，各子流域地形起伏差异较大。景观特征在地形特征的作用下对河流水质的影响不容忽视。

地形起伏度（relief degree of land surface，RDLS）表示该区域的地形起伏程度，即最高海拔和最低海拔之间的差值。地形起伏度是衡量地形起伏变化的重要因子，公式如下：

$$S_{\text{RDL}} = \max(H) - \min(H) \tag{5-1}$$

式中，S_{RDL} 为地形起伏度；$\max(H)$ 和 $\min(H)$ 分别为该地区的最高海拔和最低海拔。

如图 5-3 所示，基于 DEM 和 Landsat8 数据，使用 ArcGIS 10.2 计算平均地形起伏度。赤水河流域主要以 30～500 m 的地形起伏度为主，其面积占比超过 90%。

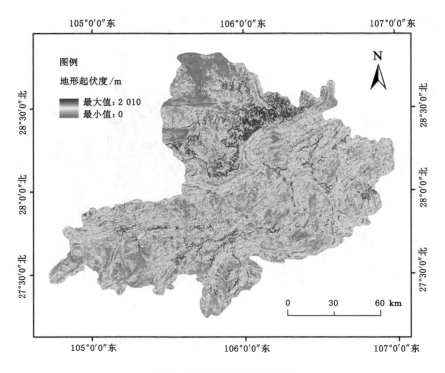

图 5-3　研究区地形起伏度

　　地形起伏度高度依赖于尺度,因此计算地形起伏度时必须考虑空间尺度。唐敏等(2023)前期研究得到赤水河流域最优分析窗的统计单元为 12×12。因此,基于 30 m 空间分辨率 DEM 数据提取的赤水河流域地形最佳窗口的统计单元面积为 0.129 6 km²。

　　如图 5-4 所示,根据 28 个子流域的地形特征(地形起伏度、地形起伏度标准差和高程标准差,见附录附表 1),参考其他学者研究成果,结合 K-means 聚类方法将研究区分为小起伏地区(the area with small topographic relief,STR)和大起伏地区(the area with large topographic relief,LTR)。在 28 个子流域中,位于小起伏地区的有 17 个子流域,编号分别是 W1～W17;位于大起伏地区的有 11 个子流域,编号分别是 W18～W28。小起伏地区的平均地形起伏度和平均地形起伏度标准差分别为 108.2 m 和 49.6 m,平均高程标准差为198.9 m;大起伏地区的平均地形起伏度为 153.5 m,平均地形起伏度标准差为 67.4 m,平均高程标准差为 271.5 m。Xu 等(2020)证实了平均海拔、海拔标准差、地形起伏等地形因素与水质参数之间存在相关性。

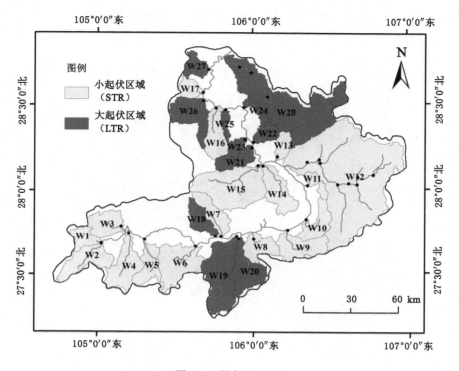

图 5-4　研究子区划分

5.1.2　坡地景观组成提取及差异分析

不同景观组成的类型及数量空间变化可以用土地利用表示，土地利用是评价区域生态系统的常用关键指标。土地利用是指土地经人为干扰致使功能发生改变，即人类根据目的对土地进行开发、利用、调整和保护等行为的具体过程（刘庆，2016；朱颖 等，2020）。研究者通常用土地利用类型表示不同景观组成类型，用土地利用结构表示景观类型数量的空间变化。

5.1.2.1　坡地景观组成提取

土地利用数据来源于中国科学院资源环境科学数据中心。本研究采用 ArcGIS 10.2 软件的空间分析工具，将赤水河流域土地利用数据按实验所需重采样为水田、旱地、林地、灌木丛、草地和建设用地六大类，叠加 3 个坡度等级的 DEM 获得二级分类。如图 5-5 所示，以研究区 2021 年坡地景观组成分类结果为例，将流域土地利用细分为平地水田（A1）、缓坡水田（B1）、陡坡水田（C1）、平地旱地（A2）、缓坡旱地（B2）、陡坡旱地（C2）、平地林地（A3）、缓坡林地（B3）、陡坡林地（C3）、平地灌木丛（A4）、缓坡灌木丛（B4）、陡坡灌木丛（C4）、平地草地

(A5)、缓坡草地(B5)、陡坡草地(C5)、平地建设用地(A6)、缓坡建设用地(B6)和陡坡建设用地(Č6),共计18种坡地景观组成。

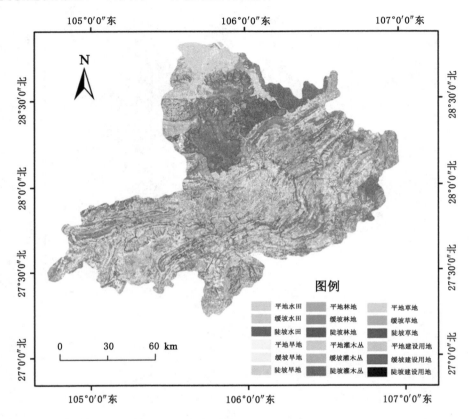

图 5-5　研究区坡地景观组成(2021 年)

如表 5-2 所示,统计赤水河流域坡地景观组成面积占比(percentage of landscape,PL),得出研究区总面积约为 19 464.72 km²,以灌木丛(32.21%)、旱地(26.81%)和林地(24.68%)为主,水田(8.11%)和草地(7.38%)次之,建设用地(0.81%)占比最少。在坡地景观组成中,缓坡景观在各景观组成中占比最大,缓坡水田面积占水田总面积的 64.89%,缓坡旱地面积占旱地总面积的 73.46%,缓坡林地面积占林地总面积的 59.30%,缓坡灌木丛面积占总灌木丛面积的 68.18%,缓坡草地面积占草地总面积的 70.90%,缓坡建设用地面积占建设用地总面积的 58.97%。在平地景观组成中,占比最小的是平地林地,仅为林地总面积的 5.85%;占比最大的是平地建设用地,占建设用地总面积的 38.01%。在陡坡景观组成中,占比最小的是陡坡建设用地,仅为建设用地总面积的 3.02%;占比最大的是陡坡林地,占林地总面积的 34.85%。

表 5-2　坡地景观组成面积占比(2021 年)

景观组成	面积/km²	占比/%	坡地景观组成	面积/km²	占比/%	指代
水田	1 579.39	8.11	平地水田	434.51	2.23	A1
			缓坡水田	1 024.86	5.27	B1
			陡坡水田	120.02	0.62	C1
旱地	5 217.58	26.81	平地旱地	637.28	3.27	A2
			缓坡旱地	3 832.65	19.69	B2
			陡坡旱地	747.65	3.84	C2
林地	4 802.96	24.68	平地林地	281.14	1.44	A3
			缓坡林地	2 848.15	14.63	B3
			陡坡林地	1 673.67	8.60	C3
灌木丛	6 270.22	32.21	平地灌木丛	492.23	2.53	A4
			缓坡灌木丛	4 275.18	21.96	B4
			陡坡灌木丛	1 502.81	7.72	C4
草地	1 435.96	7.38	平地草地	124.76	0.64	A5
			缓坡草地	1 018.14	5.23	B5
			陡坡草地	293.06	1.51	C5
建设用地	158.61	0.81	平地建设用地	60.28	0.31	A6
			缓坡建设用地	93.54	0.48	B6
			陡坡建设用地	4.79	0.02	C6

注:由于数值修改,"坡地景观组成面积占比"与"景观组成面积占比"存在±0.01 的差别;"坡地景观组成面积占比"总和不为 100%。

5.1.2.2　坡地景观组成空间差异

使用 ArcGIS 10.2 软件的空间分析工具,提取 28 个子流域的坡地景观组成并分别计算各子流域坡地景观组成占比。以 2021 年为例,各子流域坡地景观组成面积占比如图 5-6 所示,从图中可以看出水田、草地和建设用地面积所占比例较小,旱地、灌木丛和林地面积所占比例较大。

在不同的地形起伏地区,景观组成有显著差异。以 2021 年为例,首先,从小起伏地区到大起伏地区,旱地、灌木丛和建设用地面积减少,林地面积显著增加。其次,在小起伏地区,所有景观组成类型都存在,旱地和灌木丛面积占比最大,两者之和占 63.5%,其中又以缓坡旱地(21.9%)和缓坡灌木丛(24.3%)占比最大。

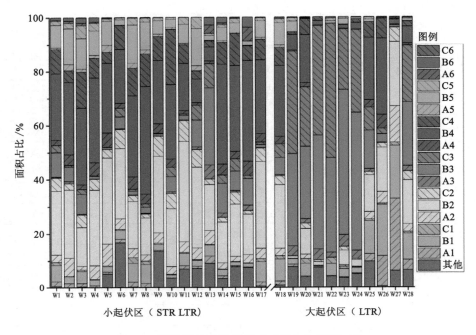

图 5-6　子流域坡地景观组成面积占比（2021 年）

建设用地集中在小起伏地区，大起伏地区建设用地仅占 1/10，这与 Zhang 等 (2016)得出的研究结论一致，小起伏地区是自然景观和人为景观之间的结合点，人为景观与自然景观冲突最为严重。在大起伏地区，林地是主要景观，占 42.2％。林地是唯一随着地形起伏增大而增加的景观类型，主要是缓坡林地 (21.6％)和陡坡林地(18.8％)。旱地、灌木丛、草地和建设用地景观类型的占比均随地形起伏增大有不同程度的下降。在大起伏地区，自然景观占主要部分。

　　从各子流域景观组成面积占比最大值来看，位于大起伏地区的子流域 W27 的水田面积占比最大，为 47.28％;位于小起伏地区的子流域 W11 的旱地面积占比最大，为 48.60％;位于大起伏地区的子流域 W22 的林地面积占比最大，为 86.34％;位于小起伏地区的子流域 W8 的灌木丛面积占比最大，为55.57％;位于小起伏地区的子流域 W12 的草地面积占比最大，为 19.78％;位于小起伏地区的子流域 W16 的建设用地面积占比最大，为 8.79％。小起伏地区是人类活动的频繁地区，适合耕种和生产生活，表现出更严重的人类活动与景观冲突;而在大起伏地区，人类活动的影响较小，生态环境较好。

5.1.3　坡地景观格局提取及差异分析

　　景观包含复杂的空间模式，景观分布随时间变化而变化，量化景观格局及其动态是景观格局分析的关键。景观格局又称景观空间构型或景观空间结构,既是景观空间变异特征的高度概括,又是生态环境分布的具体表现,景观格局深刻影响着水体的抗干扰性、生态韧性、稳定性和生物多样性。

5.1.3.1　坡地景观格局指数选取

景观格局指数不仅能描述景观组成及结构等空间分布特征情况,而且还能表示空间格局复杂程度变化,并精准概括景观格局信息(朱珍香 等,2019;王晨茜 等,2022;张志敏 等,2022;Xu et al.,2021;Xu et al.,2020;吉冬青 等,2015;夏品华 等,2016;杨洁 等,2017)。由于区域景观类型和模式的复杂性和多样性,有较多景观特征指数。根据赤水河流域相关研究和课题组前期的研究成果,选择 5 个对赤水河流域河流水质影响较大的景观格局指数,包括斑块密度(PD)、最大斑块指数(LPI)、边缘密度(ED)、景观形状指数(LSI)和平均斑块大小(MPS),计算公式及生态学意义如表 5-3 所示。

表 5-3　景观格局的主要指标的生态学意义

指数	计算公式	生态学意义
斑块密度 (patch density,PD)	$PD = \dfrac{N}{A} \times 10\ 000 \times 100$ 式中,N 是景观斑块的总数;A 是总景观面积	PD 表示相应土地利用类型每平方千米的斑块数,取值范围:PD>0。 PD 表示一个景观类型的斑块边界对整个景观的影响程度,这一指标对生物保护、物质和能量分布具有重要影响。斑块密度大,表明该类型在景观中分布广,影响大
最大斑块指数 (largest patch index,LPI)	$LPI = \dfrac{\max(a_{ij})}{A} \times 100$ 式中,a_{ij} 是相应类型斑块的面积;A 是总景观面积	LPI 表示某一斑块类型中最大斑块面积占据整个景观总面积的百分比,取值范围:0%<LPI≤100%。 LPI 用来确定景观中的优势类型,LPI 值的大小决定着景观中的优势种、内部种的丰度等生态特征;LPI 值的变化可以反映人类活动的方向和强弱
边缘密度 (edge density,ED)	$ED = \dfrac{E}{A} \times 10\ 000$ 式中,E 是景观边缘的总长度;A 是总景观面积	ED 是景观要素斑块形状及其密度的函数,取值范围:ED>0。 ED 反映景观中异质斑块之间物质、能量、物种及其他信息交换的潜力与相互影响的强度。人工斑块的边缘密度受人为活动方式的控制,自然斑块的边缘密度则表明斑块动态发展趋势

表 5-3(续)

指数	计算公式	生态学意义
景观形状指数 (landscape shape index,LSI)	$$LSI = \frac{E^*}{4\sqrt{A}}$$ 式中,E^* 是景观边缘总长度,包括整个景观边界和部分或全部背景边缘段;A 是总景观面积	LSI 提供根据景观大小调整的总边缘或边缘密度的标准化测量,取值范围:LSI>0。 LSI 通过计算景观中所有斑块形状与相同面积的圆形或正方形之间的偏离程度来测量景观形状的复杂程度。当景观中斑块形状不规则或偏离正方形时,LSI 值增大
平均斑块大小 (mean patch size, MPS)	$$MPS = \frac{\sum_{i=1}^{n} a_{ij}}{10\,000 N_i}$$ 式中,a_{ij} 是相应类型斑块的面积;N_i 是某一景观类型中所有相关斑块的数目	MPS 在斑块类型层次上等于某一斑块类型的总面积除以该类型的总斑块数目,取值范围:MPS>0。 MPS 是景观类型、数量和面积的综合测度,揭示景观类型的破碎度,通常与斑块数目、斑块总面积或者最大斑块指数综合使用,表示景观类型的破碎度、优势度、均匀度

景观的空间格局在调节水文过程和营养循环等生态过程中发挥了关键作用。PD 和 ED 指标通常用于表示景观的破碎程度和边缘密度。LSI 指标是周长面积比,该指标的数值随着不规则形状的增加而增加。PD、ED 和 LSI 的数值较高意味着该区域景观中人类活动剧烈,斑块的空间分布趋于分散,这可能会加快土壤侵蚀,使河流水质恶化的风险增加(张柳柳 等,2022)。LPI 和 MPS 指标用于表示最大斑块比例和平均斑块大小。较高的 LPI 和 MPS 指标数值意味着该地区的景观斑块相对完整和聚集。然而,这 2 个指标对水质的影响取决于斑块属于"源"景观还是"汇"景观。

基于坡地土地利用数据提取坡地景观格局指数,使用 ArcGIS 10.2 软件分别提取 28 个子流域的坡地土地利用数据并导入 Fragstats 4.2 软件中,从子流域尺度计算研究区平地、缓坡及陡坡在斑块类型水平上的景观格局指数,即分别计算平地水田(A1)、缓坡水田(B1)、陡坡水田(C1)、平地旱地(A2)、缓坡旱地(B2)、陡坡旱地(C2)、平地林地(A3)、缓坡林地(B3)、陡坡林地(C3)、平地灌木丛(A4)、缓坡灌木丛(B4)、陡坡灌木丛(C4)、平地草地(A5)、缓坡草地(B5)、陡坡草地(C5)、平地建设用地(A6)、缓坡建设用地(B6)和陡坡建设用地(C6)这 18 种景观的 PD、LPI、ED、LSI 和 MPS 景观格局指数,共计得到 90 种坡地景观格局指数。

5.1.3.2　景观格局空间差异

研究区各子流域的坡地景观格局指数斑块密度(PD)、最大斑块指数(LPI)、边缘密度(ED)、景观形状指数(LSI)和平均斑块大小(MPS)见附录中的附表 2～附表 6。根据附表并依据统计学分析,得到大起伏地区和小起伏地区各子流域的坡地景观格局指数的四分位数、中位数和均值,如图 5-7 所示。

从图 5-7 中可以获知赤水河流域的景观格局变化特征和空间分布规律。本研究主要讨论各子流域的景观格局特征的均值。

(1) 斑块密度(PD)

斑块密度(PD)值越大,则景观类型被边界割裂的程度越高,表明该景观要素类型的破碎化程度越高;反之景观类型保存完好,连通性高。

如图 5-7(a)所示,小起伏地区平地旱地、小起伏地区平地灌木丛和大起伏地区平地林地的平均斑块密度值最大,即这 3 种坡地景观在各自区域内破碎化程度最高,景观空间异质性较强。这 3 种坡地景观的平均 PD 值均超过 3,这意味着在各自区域的子流域每平方千米都有 3 个及以上此种景观。同时可以发现,旱地、林地、灌木丛、草地和建设用地的平均斑块密度均在坡度为 0°～6°的平地有最大值,这说明平地景观相较于缓坡景观和陡坡景观破碎化程度更高。陡坡水田无论是在大起伏地区还是在小起伏地区平均 PD 值均小于 0.5,这符合在坡度大于 25°的地区不宜耕作的规律。建设用地的 PD 值在坡度上表现为:A6＞B6＞C6;且小起伏地区建设用地 PD 值大于大起伏地区建设用地 PD 值,符合建设用地分布规律。建设用地的 PD 值均小于 0.2,小起伏地区的平地建设用地和缓坡建设用地 PD 值相对较高,说明赤水河流域人工设施斑块密度小,并且分散分布在坡度较小、地势较平坦的地区。

(2) 最大斑块指数(LPI)

如图 5-7(b)所示,缓坡旱地、缓坡林地和缓坡灌木丛是小起伏地区的优势坡地景观,LPI 均值 B4＞B2＞B3;平地林地是大起伏地区的优势坡地景观,其 LPI 值最高。缓坡旱地、缓坡林地、缓坡灌木丛、草地和建设用地最大斑块指数空间分布特征为小起伏地区高于大起伏地区;水田、平地旱地、陡坡旱地、平地林地、陡坡林地、平地灌木丛和陡坡灌木丛最大斑块指数空间分布特征为大起伏地区高于小起伏地区。

对比发现,在大起伏地区和小起伏地区中,除了平地林地是大起伏地区的优势景观之外,缓坡旱地、缓坡林地和缓坡灌木丛均为小起伏地区的优势景观,可以说明平地林地是区分大小起伏地区的关键因素之一。陡坡水田、平地草地和陡坡建设用地在两个区域的最大斑块指数都较小,表明这三类景观在研究区内斑块较小。平地建设用地和缓坡建设用地的最大斑块指数在小起伏地区明显大于大起伏地区的,从侧面反映人类活动在小起伏地区较为集中和活跃,在大起伏地区较为分散和稀少。

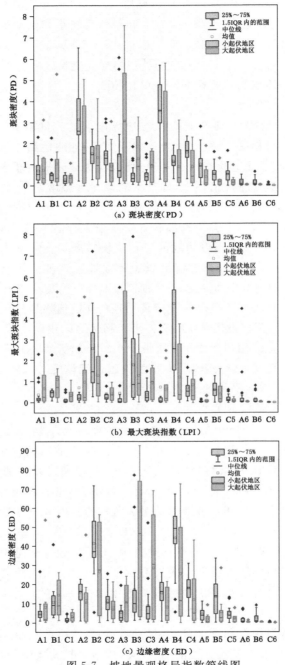

图 5-7　坡地景观格局指数箱线图

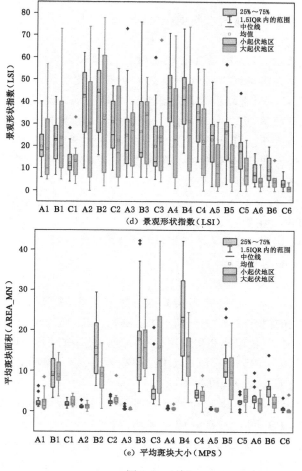

（d）景观形状指数（LSI）

（e）平均斑块大小（MPS）

图 5-7　（续）

（3）边缘密度（ED）

如图 5-7（c）所示，在大起伏地区和小起伏地区通过边缘密度平均值可以得出，水田、旱地、林地、灌木丛、草地和建设用地六类的平地景观、缓坡景观、陡坡景观的 ED 值呈"山"字形，即缓坡景观的 ED 值均最高。这代表缓坡景观最为复杂，斑块之间物质、能量、物种及其他信息交换的潜力高且相互影响的强度大。同时，旱地、灌木丛、草地和建设用地在小起伏地区的 ED 值更高，即旱地、灌木丛、草地和建设用地景观在小起伏地区更复杂；而在大起伏地区，林地和水田景观更复杂，ED 值更高。

从各景观坡地边缘密度平均值来看，小起伏地区的缓坡旱地和缓坡灌木丛景观复杂程度最高；大起伏地区则是缓坡林地景观复杂程度最高，陡坡林地、缓坡旱地和缓坡灌木丛的景观复杂程度次之。

（4）景观形状指数（LSI）

如图 5-7(d)所示，各坡地景观形状指数的范围较大，这表明子流域内各坡地景观形状有些较为简单而有些较为复杂。从 3 个坡度等级来看，除了小起伏灌木丛以外，其余景观分类均满足缓坡景观＞平地景观＞陡坡景观，说明缓坡景观斑块的形状较不规整，更为复杂。除了缓坡水田、陡坡水田和林地外，小起伏地区的 LSI 值稍微大于大起伏地区，但总体差距不大，LSI 值范围接近。而建设用地小起伏地区和大起伏地区的 LSI 值均较小，说明建设用地斑块形状分布较为规则，这符合建设用地的一般规律。

有学者指出，进行景观格局分析时，一般而言，面积、周长和密度类指数间的相关性最强，蔓延度类指数次之，形状类指数间相关性最弱（温馨，2017）。本研究通过景观形状指数 LSI 与其他 4 个景观格局指数对比，同样可以发现形状类指数不易描述景观格局的空间差异。

（5）平均斑块大小（MPS）

如图 5-7(e)所示，小起伏地区各类景观的缓坡景观 MPS 值最大；大起伏地区也同样是各类景观的缓坡景观 MPS 值更大。缓坡水田、缓坡旱地、缓坡灌木丛、陡坡灌木丛、平地草地、缓坡草地和建设用地在小起伏地区的 MPS 值更大，其余景观类型在大起伏地区的 MPS 值更大。以上结果表明，一定程度上，缓坡景观在各自区域内斑块面积较大且破碎程度较小。

综上所述，分析小起伏地区和大起伏地区各子流域的坡地景观格局 PD、LPI、ED、LSI 和 MPS 可以发现，流域景观格局的空间分布呈现出一定的规律：缓坡景观的 ED、LSI、LPI 和 MPS 较高，而平地景观特征的 PD 更高，表明从平地到缓坡，景观破碎程度有所减小。小起伏地区优势景观的 ED 和 MPS 较高，表明不同地形起伏区的优势景观相较于非优势景观，平均斑块面积更大。在小起伏地区，3 个坡度的旱地、灌木丛、草地和建设用地的 PD、ED 和 LSI 指数总体上大于大起伏地区，特别是平地灌木丛的 PD、缓坡灌木丛的 ED 和缓坡灌木丛的 LSI 在小起伏地区分别达到 3.55、44.3、46，同时，3 个坡度的林地的 PD、LPI 和 MPS 较低，小起伏地区缓坡林地的斑块密度（PD）仅为 0.54，且 LPI 和 MPS 都较小，分别低于 1.78 和 17.7。这将导致林地这种"汇"景观在小起伏地区对"源"景观污染物输出的拦截能力较低，不能有效缓解水质恶化。而在大起伏地区，3 个坡度的水田、草地和建设用地的 PD、LPI、ED、LSI 和 MPS 指数均较低，这表明大起伏地区"源"景观斑块数量较少且斑块面积较小；3 个坡度的林地 ED 和 MPS 指数均较高，特别是缓坡林地的 ED 和 MPS 分别达到 41.5 和 19.6，表明大起伏地区林地景观的斑块面积大,有利于净化水质。

5.1.4 坡地景观强度提取及差异分析

5.1.4.1 景观强度提取

本研究以景观开发强度指数、归一化植被指数、归一化岩石指数和归一化建筑指数作为景观强度指标,分析景观强度对赤水河流域河流水质影响的时空差异。

（1）景观开发强度指数（LDI）

景观开发强度指数（landscape development intensity index,LDI）是指人类对景观的开发利用强度,它是人类对自然景观的干扰程度强弱的综合表现（滕智超 等,2016）。景观开发强度指数值越高,表明人类有意识的选择行为活动对自然景观的干扰程度就越大,景观自然属性的可用程度就越低（Suhail et al.,2020）。研究区景观开发强度指数的计算公式为:

$$I_{\mathrm{LD}} = \sum_{i=1}^{n} A_i \times C_i \tag{5-2}$$

式中,I_{LD}为研究区景观开发强度指数;A_i为第i级土地利用程度分级指数;C_i为第i级土地利用程度面积百分比。A_i的取值根据刘纪远等（2002）提出的土地利用程度的综合分析方法来确定,将土地利用分为 4 级,如表 5-4 所示,本研究用到林、草、水用地级、耕地级和城镇聚落用地级 3 种。

表 5-4　土地利用程度分级赋值表

土地利用程度分级类型	土地利用类型	分级指数
未利用地级	—	1
林、草、水用地级	林地、灌木丛、草地	2
耕地级	水田、旱地	3
城镇聚落用地级	建设用地	4

（2）归一化植被指数（NDVI）

归一化植被指数（normalized difference vegetation index,NDVI）是反映土地覆盖植被状况的一种遥感指标,定义为近红外通道与可见光通道反射率之差与之和的商,是反映农作物长势和营养信息的重要参数之一。

（3）归一化岩石指数（NDRI）

归一化岩石指数（normalized difference rock index,NDRI）利用喀斯特岩石和其他地类之间反射光谱的差异,将裸岩从复杂的地类中提取出来。

有研究表明,植被区域、喀斯特岩石区域和建筑物区域的反射率从波段 3 到波段 5 急剧增加。归一化岩石指数（NDRI）的基本原理与常用的归一化植被指数（NDVI）的类似，遥感影像中表示为短波红外 1 波段的反射值与红光波段的反射值之差比上两者之和：

$$I_{NDR} = \frac{(S_{wirl} - R_{ed})}{(S_{wirl} + R_{ed})} \tag{5-3}$$

式中，I_{NDR} 为归一化岩石指数；S_{wirl} 为 Landsat8 影像中 Band 7 短波红外 1 波段的反射值，用于分辨道路、裸岩、土壤和水，还能在不同植被之间有好的对比度，并且有较好的大气、云雾分辨能力；R_{ed} 为 Landsat8 影像中 Band 4 红光波段的反射值。

NDRI 对水体的值为负，但对所有其他陆地覆盖类别的值为正。水体的像元值在第四和第五波段明显较低，这是水体对可见光波段辐射的强反射和对中红外波长的几乎全部吸收之间的差异所造成的。

（4）归一化建筑指数（NDBI）

归一化建筑指数（normalized difference build-up index，NDBI）是近年来提出的一种描述城市化强度信息的遥感特征指数，即在多光谱波段内，寻找出所要研究的地类的最强反射波段和最弱反射波段，通过对二者做归一化比值运算，使感兴趣的地物在所生成的指数影像上得到最大的亮度增强，而其他的背景地物受到普遍的抑制。城镇用地多为建筑物房顶、道路、水泥面以及塑胶材料等，这些地物在近红外波段到短波红外波段反射强度会急剧增加，且递增幅度远超其他地物，所以利用近红外波段和短波红外波段构建的指数可以将建设用地与其他地物区分开来，Landsat8 OLI 遥感影像中 NDBI 的计算公式表示为短波红外 1 波段的反射值与近红外波段的反射值之差比上两者之和：

$$I_{NDB} = \frac{(S_{wirl} - N_{ir})}{(S_{wirl} + N_{ir})} \tag{5-4}$$

式中，I_{NDB} 为归一化建筑指数；S_{wirl} 为 Landsat8 影像中 Band 6 短波红外 1 波段的反射值；N_{ir} 为 Landsat8 影像中 Band 5 近红外波段的反射值。I_{NDB} 的取值范围为 -1 到 1，正值表示有人工建筑，且随覆盖度增大而增大。

研究区各子流域景观开发强度指数、归一化植被指数、归一化岩石指数和归一化建筑指数的平均值的空间分布如图 5-8 所示。

5.1.4.2 景观强度空间差异

如表 5-5 所示，赤水河流域空间强度差异主要体现在景观开发强度指数（LDI）上，而在归一化植被指数（NDVI）、归一化岩石指数（NDRI）和归一化建筑指数（NDBI）上体现稍弱。小起伏地区 LDI 的平均值（5.108），远大于大起伏地区的（3.043），这表明在小起伏地区，水田、旱地和建设用地等人为景观比重很大；而在大起伏地区，以林地为主的自然景观更占优势。小起伏地区的 NDVI 值、NDRI 值和 NDBI 值稍大于大起伏地区的，这表明与大起伏地区相比，小起

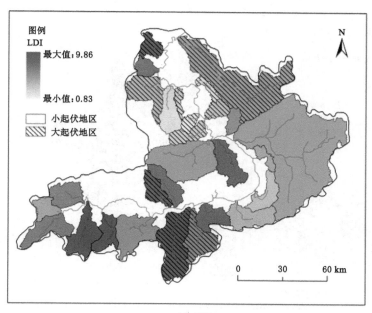

（a）LDI

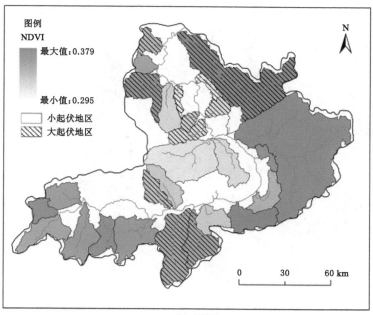

（b）NDVI

图 5-8　景观强度指数空间分布

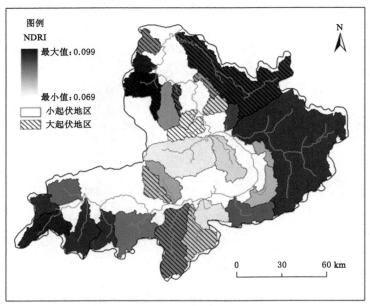

（c）NDRI

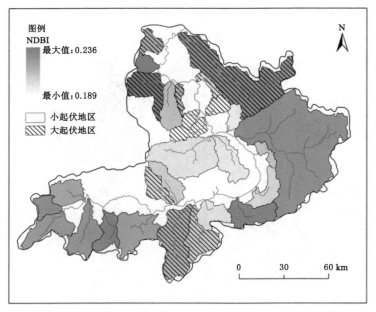

（d）NDBI

图 5-8 （续）

伏地区的农作物长势和营养信息更好,人工建筑更多,同样也能表明在小起伏地区人类活动对景观的干扰程度更大。

表 5-5　景观强度平均值空间差异

不同地形起伏地区	LDI	NDVI	NDRI	NDBI
小起伏地区	5.108	0.337	0.081	0.209
大起伏地区	3.043	0.322	0.078	0.201

5.2　坡地景观对河流水质的影响及"坡地景观-水质"响应模型的建立

5.2.1　赤水河流域河流水质差异分析

5.2.1.1　不同地形起伏区水质差异

研究区主要水质特征描述统计如图 5-9 所示,水质数据采样时间分别是 2017 年 1 月、2017 年 8 月、2021 年 1 月和 2021 年 8 月,其中 1 月为枯水期,8 月为丰水期。基于赤水河流域两个水期水质采样结果,根据与《地表水环境质量标准》(GB 3838—2002)对比检测的水质参数限值标准获得各水质参数的最小值、最大值、平均值和标准差(standard deviation,SD),并依据水质参数计算内梅罗污染指数这一水质指数。如表 5-6 所示,水质参数包括水温(WT,℃)、pH 值、电导率(EC,μS/cm)、总磷(TP,mg/L)和总氮(TN,mg/L)。

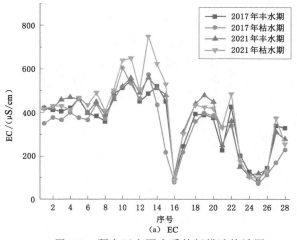

图 5-9　研究区主要水质特征描述统计图

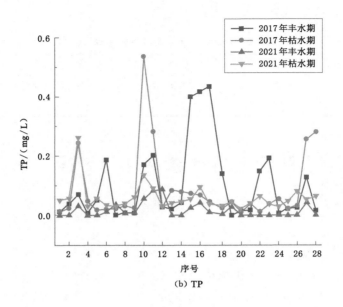

（b）TP

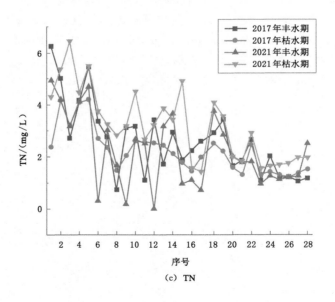

（c）TN

图 5-9 （续）

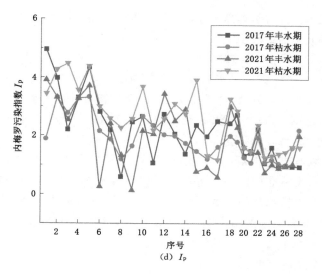

图 5-9　（续）

表 5-6　河流水质参数时空差异

时　期	水质参数	STR				LTR				Ⅲ类标准
		Min	Max	Mean	SD	Min	Max	Mean	SD	
丰水期	WT/℃	16.70	27.50	21.49	2.63	20.40	24.10	21.28	1.32	—
	pH 值	7.40	8.38	7.97	0.31	7.42	8.30	7.90	0.29	—
	EC/(μS/cm)	100	560	439	107	110	480	281	139	—
	TP/(mg/L)	0.01	0.87	0.07	0.21	0.01	0.04	0.01	0.01	≤0.2
	TN/(mg/L)	0.01	4.93	2.42	1.64	0.96	3.77	1.87	0.87	≤1.0
	I_p	0.16	4.95	2.35	1.20	0.76	2.98	1.50	0.66	—
枯水期	WT/℃	8.00	12.80	10.65	1.43	9.00	11.50	10.15	0.85	—
	pH 值	7.81	8.43	8.10	0.16	7.66	8.47	8.05	0.29	—
	EC/(μS/cm)	87	1 115	503	213	98	485	294	146	—
	TP/(mg/L)	0.03	0.26	0.07	0.06	0.02	0.08	0.05	0.02	≤0.2
	TN/(mg/L)	1.44	10.45	4.04	2.01	1.55	4.08	2.27	0.85	≤1.0
	I_p	1.17	8.47	2.80	1.39	1.00	3.25	1.65	0.60	—

注：Min 是最小值，Max 是最大值，Mean 是平均值，SD 是标准差，I_p 代表内梅罗污染指数。

　　总体看来，丰水期和枯水期河水的 pH 值在 7.40 至 8.47 之间，总体上呈弱碱性。小起伏地区的丰水期的平均水温（21.49 ℃）高于枯水期的平均水温

(10.65 ℃)。流域 TN 含量远高于Ⅲ类标准限值,氮元素污染严重;TP 含量低于Ⅲ类标准限值,磷元素污染较小。河流水质参数存在季节性差异。赤水河流域小起伏地区的 TP、TN、EC 高于大起伏地区的,大起伏地区的内梅罗污染指数更小,大起伏地区的水质更好。因为地形起伏是不同地形起伏地区景观格局空间分化的控制因素(Zhang et al.,2016),它通过改变场地条件影响陆地生态系统的物质和能量再分配,并通过调节自然过程和人类活动的频率和强度影响景观格局,从而影响河流水质(Zhang et al.,2015)。

赤水河流域薄土层的离子吸收能力较弱,容易导致土壤中的离子流失到河流中。与 3 种水质标准相比,TN 超标率远高于 TP,即 TN 对水质的污染比 TP 严重。通过比对内梅罗污染指数平均值,4 个区域的水质由好到差分别为大起伏地区丰水期、大起伏地区枯水期、小起伏地区丰水期和小起伏地区枯水期。总体上大起伏地区水质优于小起伏地区水质。

5.2.1.2 水质参数时空非参数检验

分别从空间角度(小起伏地区和大起伏地区)和时间角度(丰水期和枯水期)对水质进行 Kruskal-Wallis 检验,通过秩和检验中的 H 和 P 判断两组数据有无显著差异,来证明研究区水质是否存在时空差异(Xu et al.,2020)。

如表 5-7 所示,通过小起伏地区与大起伏地区的水质 Kruskal-Wallis 检验,丰水期 EC($H=7.99,P=0.005^{**}$)、丰水期 TP($H=3.85,P=0.050^*$)、丰水期 TN($H=5.15,P=0.023^{**}$)、枯水期 EC($H=7.45,P=0.006^{**}$)和枯水期 TN($H=7.06,P=0.008^{**}$)在小起伏地区与大起伏地区存在显著差异(P 值小于 0.05)。

表 5-7 小起伏地区与大起伏地区水质 Kruskal-Wallis 检验

时间	水质参数	H	P
丰水期	WT	2.35	0.126
	pH 值	0.22	0.638
	EC	7.99	0.005^{**}
	TP	3.85	0.050^*
	TN	5.15	0.023^{**}
枯水期	WT	1.03	0.311
	pH 值	0.14	0.706
	EC	7.45	0.006^{**}
	TP	0.64	0.670
	TN	7.06	0.008^{**}

注:*表示 $P<0.05$,** 表示 $P<0.01$。

而枯水期 TP($H = 0.64, P = 0.670$)在大起伏地区与小起伏地区水质 Kruskal-Wallis 检验中未表现出显著差异。在小起伏地区,赤水河流域丰水期 TP 与枯水期 TP 近乎相等,平均为 0.07 mg/L;而大起伏地区,丰水期 TP 为 0.01 mg/L,远低于枯水期的 TP 含量(0.05 mg/L)。造成这种差异的原因有可能是河流中大量磷通常随泥沙和动植物残骸沉入水底,使底质中磷元素较丰富,而贮存于底质中的磷在厌氧条件下又会释放到水中,水生植物吸收水体中大量的磷。在大起伏地区枯水期,由于气候等问题导致水生植物减少,从而磷元素较丰水期的较高。

如表 5-8 所示,通过丰水期与枯水期水质 Kruskal-Wallis 检验,小起伏地区 WT($H = 46.44, P = 0.000**$)、小起伏地区 TP($H = 4.91, P = 0.027**$)、小起伏地区 TN($H = 3.85, P = 0.050*$)、大起伏地区 WT($H = 31.55, P = 0.000**$)、大起伏地区 TP($H = 8.58, P = 0.003**$)、大起伏地区 TN($H = 3.19, P = 0.074*$)在丰水期与枯水期水质存在显著差异。其中 WT 在丰水期与枯水期显著差异最大,TN 在丰水期与枯水期显著差异最小,而 pH 值和 EC 没有显著差异。

表 5-8　丰水期与枯水期水质 Kruskal-Wallis 检验

区域	水质参数	H	P
小起伏地区	WT	46.44	0.000**
	pH 值	0.18	0.670
	EC	0.01	0.907
	TP	4.91	0.027**
	TN	3.85	0.050*
大起伏地区	WT	31.55	0.000**
	pH 值	1.02	0.313
	EC	0.04	0.836
	TP	8.58	0.003**
	TN	3.19	0.074*

注:* 表示 $P < 0.05$, ** 表示 $P < 0.01$。

上述实验可以得出,赤水河流域河流水质参数在时间上和空间上均有显著差异,说明在时空上研究赤水河流域河流水质的影响因素是可行的,即探究大起伏地区和小起伏地区、丰水期和枯水期水质影响因素差异,可以在不同地形起伏地区研究不同水期水质变化规律,构建"坡地景观-水质"响应模型,为赤水河流域非点源污染防治、水资源保护、景观规划提供参考。

5.2.2 坡地景观特征与河流水质的相关性分析

5.2.2.1 坡地景观组成与河流水质的相关性

坡地景观组成面积占比（PL）与水质相关性分析结果如图 5-10 所示，＊＊表示 $P<0.01$，＊表示 $P<0.05$。相关性分析结果表明，在大起伏地区，坡地景观与水质参数正负相关趋势与小起伏地区近乎一致，而大起伏地区的 PL 与水质相关性的显著性较小起伏地区的更高。旱地、灌木丛和建设用地与水质参数基本呈正相关，是污染河流水质的主要"源"景观；林地和水质参数之间存在显著的负相关，是主要的"汇"景观。草地与 TN、EC 呈正相关，与 TP 呈负相关。水田与水质参数无显著相关性。

划分坡地后的景观组成与水质相关性分析进一步明确景观组成在何种坡度上对水质参数的影响更为显著。平地旱地面积占比（A2PL）在丰水期与 TN 呈较强正相关；缓坡旱地面积占比（B2PL）在丰水期与 EC 呈显著正相关。在很多旱地农业活动中，由于过度施肥，化肥、农药等污染物在汛期容易通过地表径流、土壤水流、浅层地下水等渠道进入河流，导致河流水体富营养化，水质恶化。平地草地面积占比（A5PL）在大、小起伏地区的丰水期与 TN 均呈显著正相关，而在枯水期的相关性稍弱；缓坡草地面积占比（B5PL）在小起伏地区的丰水期与 TP 呈负相关，与 TN 呈正相关，在枯水期缓坡草地面积占比（B5PL）同样与 TN 呈正相关；缓坡草地面积占比（B5PL）在大起伏地区存在类似的规律，在丰水期和枯水期均与 EC 和 TN 呈正相关，在枯水期与 TP 呈负相关，但在丰水期与 TP 几乎无相关性；陡坡草地面积占比（C5PL）在大、小起伏地区的枯水期与 TN 均呈正相关。在退耕还林还草政策大力实施的背景下，坡度较大地区耕地转移为灌木丛和草地，但由于先前耕作中的氮磷残留，灌木丛和草地根系的污染物拦截能力减弱，随着坡度的增大，在重力和地形的影响下，径流的侵蚀能力增强，地表污染物更容易迁移到河流中。平地建设用地面积占比（A6PL）在大、小地形起伏区的丰水期和枯水期均与 EC 呈正相关；缓坡建设用地面积占比（B6PL）在小起伏地区的丰水期和枯水期均与 EC 呈显著正相关，在枯水期与 TP 呈显著正相关；缓坡建设用地面积占比（B6PL）在大起伏地区的丰水期和枯水期与 EC 几乎无相关性，在丰水期和枯水期分别与 TP 呈较弱的负相关和正相关；陡坡建设用地面积占比（C6PL）在小起伏地区枯水期与 TP、TN 均呈显著正相关，而在大起伏地区的枯水期与 TP、TN 分别呈不相关和较弱的负相关。这可能是因为建设用地是人类活动频繁的区域，承载着高密度的人口和频繁的经济活动，日常生产生活中的污染物排放浓度较高。并且，以不透水面为主的建设用地对污染物的运移有一定的促进作用，加上管道污水排放，从而增加附近河流中的污染物浓度，使建设用地成为

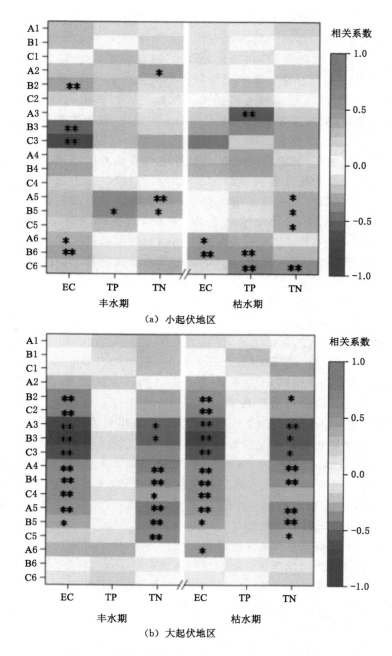

图 5-10　坡地景观组成面积占比(PL)与水质相关性

河流水污染的主要来源。在小起伏地区,平地林地面积占比(A3PL)在枯水期与 TP 呈显著负相关,缓坡林地面积占比(B3PL)和陡坡林地面积占比(C3PL)在小起伏地区的丰水期与 EC 均呈显著负相关;在大起伏地区,除了陡坡林地面积占比(C3PL)与 TN 在丰水期呈较弱负相关之外,3 个坡度的林地在丰水期和枯水期与 EC、TN 均呈显著负相关。林地可以拦截地表径流、捕获沉积物和吸收污染物,从而显著减少河流中的污染物负荷,在极大程度上净化河流水质。

不同地形起伏区,坡地景观组成面积占比与河流水质的相关性不同。小起伏地区的水质参数与景观组成指标之间的相关性较小,大起伏地区的相关性更为显著,与水质参数相关系数超过 0.6 的坡地景观组成更多。在小起伏地区:丰水期,C3PL 与 EC 的相关系数为 -0.68;枯水期,A3PL 与 TP 的相关系数为 -0.60、C6PL 与 TP 的相关系数为 0.64。在大起伏地区:丰水期,B2PL 与 EC 的相关系数为 0.72、C2PL 与 EC 的相关系数为 0.72、A3PL 与 EC 的相关系数 -0.69、B3PL 与 EC 的相关系数为 -0.74、C3PL 与 EC 的相关系数为 -0.65、A4PL 与 EC 的相关系数为 0.64、B4PL 与 EC 的相关系数为 0.65、C4PL 与 EC 的相关系数为 0.65、A4PL 与 TN 的相关系数为 0.69、B4PL 与 TN 的相关系数为 0.62、A5PL 与 TN 的相关系数为 0.75、B5PL 与 TN 的相关系数为 0.72、C5PL 与 TN 的相关系数为 0.63;枯水期,B2PL 与 EC 的相关系数为 0.60、C2PL 与 EC 的相关系数为 0.62、A3PL 与 EC 的的相关系数为 -0.60、B3PL 与 EC 的相关系数为 -0.68、B4PL 与 EC 的相关系数为 0.60、A4PL 与 TN 的相关系数为 0.63、A5PL 与 TN 的相关系数为 0.65、B5PL 与 TN 的相关系数为 0.61。小起伏地区与大起伏地区相关性差异较大的坡地景观组成为缓坡旱地、陡坡旱地、缓坡林地、陡坡林地、3 个坡度灌木丛和草地。在小起伏地区,缓坡建设用地与水质相关性更显著;在大起伏地区,林地、灌木丛和草地,3 个坡度景观组成与水质相关性均较显著,此外,在旱地景观组成中,缓坡旱地与水质相关性更显著。

5.2.2.2 坡地景观格局与河流水质的相关性

小起伏地区和大起伏地区坡地景观的斑块密度(PD)、最大斑块指数(LPI)、边缘密度(ED)、景观形状指数(LSI)和平均斑块大小(MPS)与丰水期及枯水期水质的相关性分析如图 5-11 至图 5-15 所示,其中 * * 表示 $P < 0.01$。

(1) 坡地景观斑块密度(PD)与水质相关性

坡地景观 PD 与水质相关性如图 5-11 所示。PD 值越大,则景观类型被边界割裂的程度越高,表明在一定程度上该景观破碎化程度越高;反之,景观类型保存完好,连通性高。

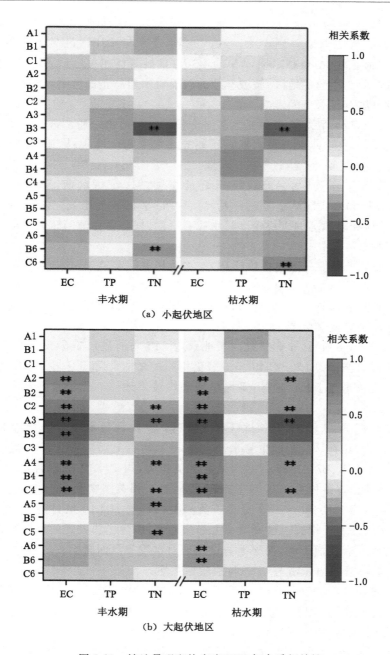

图 5-11　坡地景观斑块密度（PD）与水质相关性

如图 5-11(a)所示,小起伏地区坡地景观 PD 与河流水质参数的相关性较弱,在丰水期与枯水期差别不大。在丰水期,TN 与 B3PD 呈显著负相关,与 B6PD 呈显著正相关;在枯水期,TN 与 B3PD 呈显著负相关,与 C6PD 呈显著正相关。这说明在小起伏地区,缓坡林地的破碎对水质有正面影响,而陡坡建设用地破碎对水质有显著负面影响。

如图 5-11(b)所示,大起伏地区坡地景观 PD 与河流水质参数 EC 和 TN 有较强的相关性,在丰水期与枯水期有所差异。在大起伏地区,旱地、林地和灌木丛与水质参数显著性较高。在丰水期,TN 与 C2PD、A4PD、C4PD、A5PD 和 C5PD 呈显著正相关,与 A3PD 呈显著负相关。这在枯水期,TN 与 A2PD、C2PD、A4PD 和 C4PD 呈显著正相关,与 A3PD 呈显著负相关。这说明在大起伏地区,旱地和灌木丛的斑块密度对水质有负面影响;但林地的斑块密度对水质有正面影响。

(2)坡地景观最大斑块指数(LPI)与水质相关性

LPI 与水质相关性如图 5-12 所示。LPI 值越大,表明区域内这种坡地景观类型的最大斑块面积越大,由此可以用来确定景观中的优势类型,同时还可以反映人类活动的方向和强弱。

如图 5-12(a)所示,小起伏地区坡地景观 LPI 与河流水质参数相关性较弱。在丰水期,TP 与 A2LPI、B2LPI 呈显著正相关。在枯水期,TP 与 B2LPI 呈显著正相关。这说明在小起伏地区,平地旱地和缓坡旱地作为优势景观对水质有负面影响。

如图 5-12(b)所示,大起伏地区坡地景观 LPI 与河流水质参数相关性较强,与小起伏地区相比,林地 LPI 与水质参数相关性更显著。在大起伏地区丰水期,EC 与 A3LPI、B3LPI 和 C3LPI 呈显著负相关,与 B4LPI 呈显著正相关;TP 与 A5LPI 呈显著负相关;TN 与 B5LPI 呈显著正相关。在大起伏地区枯水期,EC、TN 均与 B3LPI 和 C3LPI 呈显著负相关;EC 与 B4LPI 呈显著正相关;TN 与 A6LPI 呈显著正相关。这说明在大起伏地区,作为优势景观的缓坡林地和陡坡林地对水质有正面影响,而平地建设用地对水质有负面影响。

(3)坡地景观边缘密度(ED)与水质相关性

坡地景观边缘密度(ED)是景观要素斑块形状及其密度的函数,反映景观中异质斑块之间物质、能量、物种及其他信息交换的潜力及相互影响的强度,ED 值越大,表示坡地景观越复杂。

如图 5-13(a)所示,小起伏地区坡地景观 ED 与河流水质参数相关性较弱。在丰水期,TP 与 B3ED 和 C3ED 呈显著正相关。在枯水期,TN 与 A5ED 和 A6ED 呈显著正相关。这说明在小起伏地区,缓坡林地和陡坡林地斑块越复杂

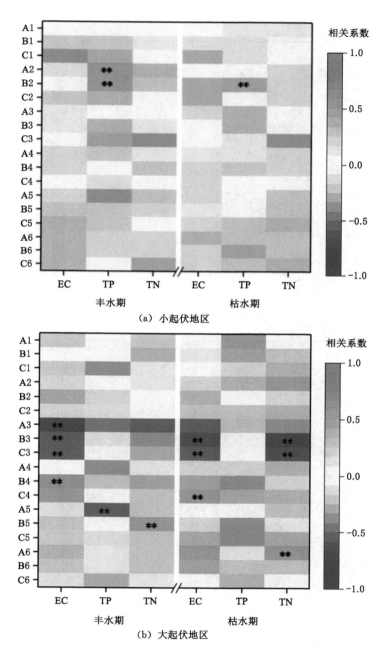

图 5-12　坡地景观最大斑块指数(LPI)与水质相关性

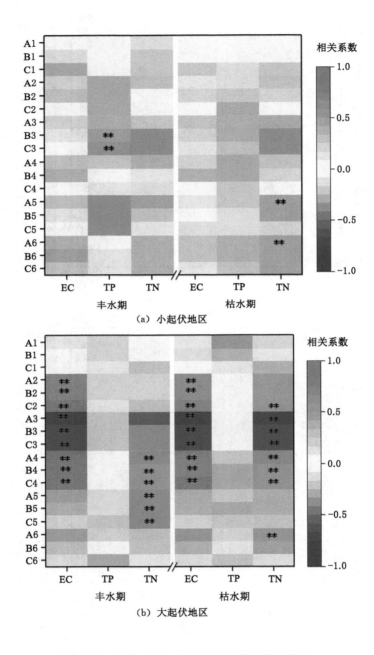

图 5-13　坡地景观边缘密度(ED)与水质相关性

对水质的净化能力越弱,平地草地和平地建设用地的斑块越复杂水质越恶化。

如图 5-13(b)所示,大起伏地区坡地景观 ED 与河流水质参数相关性更强。其中旱地 ED、灌木丛 ED 和草地 ED 与水质参数呈正相关,林地 ED 与水质参数呈负相关。在丰水期,TN 与 3 种坡度的灌木丛和草地 ED 均呈显著正相关。在枯水期,TN 与 A3ED、B3ED 和 C3ED 呈显著负相关,TN 与 C2ED、A6ED 和 3 种坡度灌木丛 ED 呈显著正相关。这说明在大起伏地区,3 个坡度林地的斑块复杂程度与水质参数呈负相关,这可能是因为在大起伏地区,虽然林地斑块较为复杂,但作为优势景观其较大的面积占比决定了林地对水质有较强的正面作用。

(4) 坡地景观形状指数(LSI)与水质相关性

坡地景观形状指数(LSI)用来度量景观格局的空间复杂性,LSI 值越大,表示斑块的形状越复杂,越不规则。

如图 5-14(a)所示,小起伏地区坡地景观 LSI 与河流水质参数 EC 和 TP 相关性较弱。在丰水期,B3LSI、C3LSI 与 TP 呈显著正相关,A6LSI 与 EC 呈显著正相关。在枯水期,B4LSI 与 TP 呈显著负相关,3 种坡度建设用地 LSI 与 TN 呈显著正相关。

如图 5-14(b)所示,大起伏地区坡地景观 LSI 与河流水质参数 EC 和 TN 相关性更强。在丰水期,B6LSI、3 个坡度的旱地和灌木丛 LSI 与 EC 呈显著正相关;3 个坡度的草地 LSI 与 TN 呈显著正相关。在枯水期,3 个坡度的灌木丛 LSI 与 EC 呈显著正相关,B3LSI 与 TN 呈显著负相关。

(5) 坡地景观平均斑块大小(MPS)与水质相关性

坡地景观平均斑块大小(MPS)是景观类型、数量和面积的综合测度,用来揭示景观类型的破碎度。MPS 值越小,表示景观越破碎。如图 5-15 所示,小起伏地区坡地景观 MPS 与河流水质参数 EC 和 TP 相关性较弱,大起伏地区坡地景观 MPS 与河流水质参数 TP 相关性较弱,且在不同景观方面有所差异。

如图 5-15(a)所示,在小起伏地区丰水期,B6MPS 与 TP 呈显著正相关,A2MPS 和 A5MPS 与 TN 呈显著正相关。在小起伏地区枯水期,A6MPS 与 EC 呈显著正相关,A5MPS 与 TN 呈显著正相关。这说明在小起伏地区,建设用地和平地草地的平均斑块面积越大对水质的负面影响越大。

如图 5-15(b)所示,在大起伏地区丰水期,C3MPS 与 EC 呈显著负相关,C4MPS、A6MPS 与 EC 呈显著正相关,A5MPS、B5MPS 与 TN 呈显著正相关。在大起伏地区枯水期,C3MPS 与 EC 呈显著负相关,C4MPS 和 A6MPS 与 EC 呈显著正相关,C3MPS 与 TN 呈显著负相关,A6MPS 与 TN 呈显著正相关。这说明在大起伏地区,陡坡林地平均斑块面积越大对水质正面影响越大,而平地建设用地的平均斑块面积越大对水质的负面影响越大。

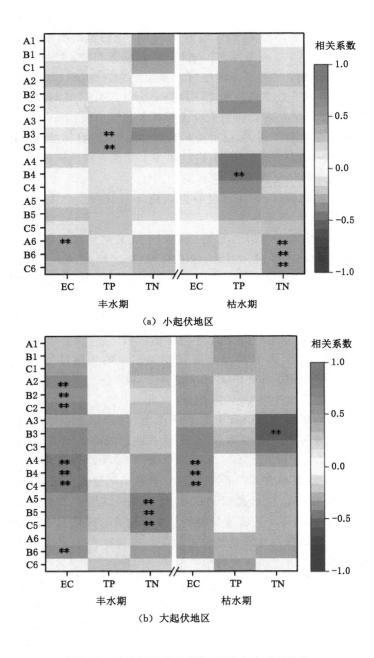

图 5-14 坡地景观形状指数(LSI)与水质相关性

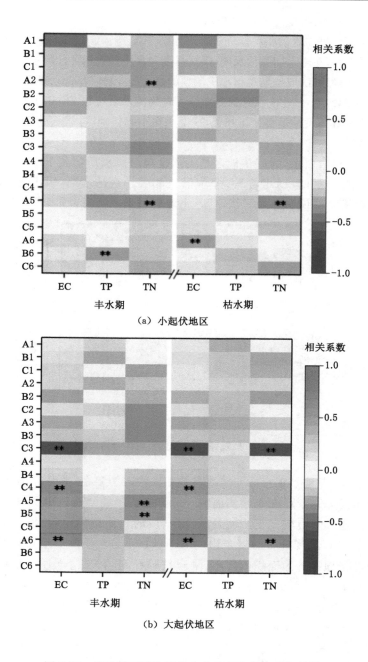

图 5-15　坡地景观平均斑块大小(MPS)与水质相关性

5.2.2.3　坡地景观强度与河流水质的相关性

坡地景观强度与水质相关性分析结果如图 5-16 所示,＊＊表示 $P<0.01$。相关性分析结果表明,在丰水期和枯水期,景观强度和水质参数相关性的正负关系基本一致。但在大起伏地区,坡地景观与水质参数的显著程度比在小起伏地区的更高。

如图 5-16(a)所示,小起伏地区景观强度与河流水质参数 EC 和 TP 相关性较弱。在丰水期,NDRI 与 TN 呈显著正相关,这说明在小起伏地区,岩石的裸露程度越高,河流水质越差。

如图 5-16(b)所示,大起伏地区景观强度与河流水质参数 EC 和 TP 相关性同样较弱。在丰水期,LDI 与 EC 呈显著正相关。在枯水期,LDI 与 EC、TN 均呈显著正相关。这说明在大起伏地区,土地利用强度越高,河流水质越差。

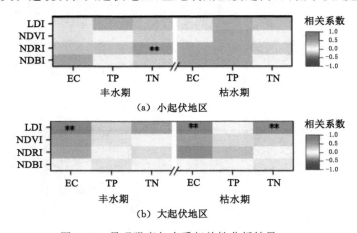

图 5-16　景观强度与水质相关性分析结果

综上所述,坡地景观特征与水质参数相关性较为复杂,并且在不同地形起伏地区体现出显著差异。在小起伏地区,平地旱地、缓坡旱地和建设用地等"源"景观格局与水质参数有较强正相关关系,对水质的负面影响也较大;缓坡林地、陡坡林地主要"汇"景观分布的复杂程度 ED 和 LSI 与水质参数呈正相关,这可能是因为小起伏地区林地面积占比小,景观破碎程度越大,对水质净化能力越弱。而在大起伏地区,随着流域海拔、坡度和地形起伏的增加,主要人为因素转向自然因素,景观类型变得单一,景观多样性降低,碎片化程度减小使得林地这类"汇"景观对水质的净化能力增强(边晓辉 等,2020)。旱地、灌木丛、草地和建设用地面积减少,林地面积显著增加。旱地、灌木丛、草地和建设用地的 PL、PD、ED 与水质参数呈正相关,林地的 PL、PD、ED、LSI 和 LPI 与水质参数呈负相关。B3PD 和 C3PD 与水质参数的负相关性较高,代表林地斑块密度越高,对水质的正影响越大,但同时 B3MPS 和 C3MPS 与水质参数负相关性也较高,这表明林地斑块多且大,有利于净化水质。林地在保持水质和提供积极的生态反馈方面发挥着重要作用,增加林地面积并提升林地斑块间连通性和聚集程度是改善水质的有效手段。

5.2.3　坡地景观特征和环境因素对河流水质的解释力

5.2.3.1　坡地景观特征对河流水质的解释力

本研究使用地理探测器的因子探测方法来探究赤水河流域河流水质受景观特征影响程度。在两个水期的两类地形起伏地区,通过地理探测器的因子探测分析坡地景观特征对河流水质的解释力(q 统计值)。如图 5-17 所示,直方图的高度代表景观特征对河流水质解释力的大小,从 X 轴正半轴逆时针依次表示坡地景观组成、坡地景观格局指数、景观强度。

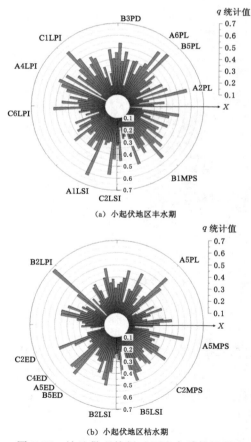

(a) 小起伏地区丰水期

(b) 小起伏地区枯水期

图 5-17　坡地景观特征对河流水质的解释力

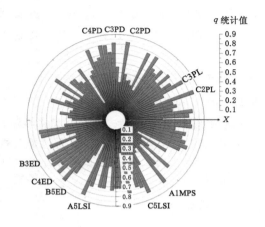

(c) 大起伏地区丰水期

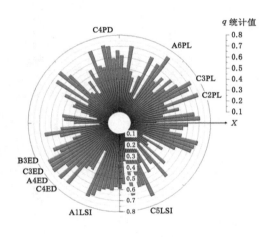

(d) 大起伏地区枯水期

图 5-17 （续）

　　两个水期两类地形起伏地区坡地景观特征对河流水质的解释力存在差异，即坡地景观特征对河流水质的影响存在时空差异。将两个水期两类地形起伏地区坡地景观特征对河流水质的解释力取平均值，得到大起伏地区坡地景观特征对河流水质的平均解释力（丰水期0.36，枯水期 0.33）远低于小起伏地区的（丰水期 0.60，枯水期 0.52）。

坡地景观特征对河流水质的解释力的排序为：在小起伏地区丰水期，对河流水质的解释力前 3 个坡地景观特征为平地水田 LSI(0.62)、陡坡水田 LPI(0.61)、缓坡草地 PL(0.60)，平地建设用地的 MPS 对河流水质的解释力最小，为 0.10；在小起伏地区枯水期，对河流水质的解释力前 3 个景观特征为缓坡旱地 LPI(0.68)、平地草地 PL(0.56)、平地草地 MPS(0.55)，缓坡水田 ED 对河流水质的解释力最小，为 0.09。在大起伏地区丰水期，对河流水质解释力前 3 个景观特征为陡坡旱地 PL(0.84)、平地草地 LSI(0.84)、陡坡旱地 PD(0.83)，缓坡建设用地 MPS 对河流水质的解释力最小，为 0.13；在大起伏地区枯水期，对河流水质的解释力前 3 个景观特征为平地建设用地 PL(0.74)、陡坡旱地 PL(0.73)、陡坡林地 PL(0.72)，陡坡建设用地的 MPS 对河流水质的解释力最小，为 0.17。

在小起伏地区，坡地景观特征对丰水期水质有最高解释力的是平地水田 LSI(0.62)，对枯水期水质有最高解释力的是缓坡旱地 LPI(0.68)。在小起伏地区，旱地等"源"景观相对于大起伏地区的斑块密度更大但斑块面积也更大。同时实地考察发现，有较多旱地和水田通过施肥来增加土壤肥力，但在重力和坡度的促进作用下，各类坡地景观中的污染物加剧迁移到河流中，增加了河流水质恶化的风险(Zhang et al.，2015)。在小起伏地区，旱地、灌木丛和建设用地等"源"景观对河流水质的解释力靠前：在丰水期有平地旱地 PL(0.58)、陡坡旱地 LSI(0.57)和平地建设用地 PL(0.57)等，对河流水质均有显著的负面影响；在枯水期有缓坡旱地 LPI(0.68)、缓坡旱地 LSI(0.51)和陡坡旱地 ED(0.50)等，对河流水质同样有显著的负面影响。林地景观对河流水质的解释力较低：如丰水期的缓坡林地 PD(0.54)和枯水期的平地林地 MPS(0.39)数值均很小。这将导致林地这种"汇"景观在小起伏地区对"源"景观污染物输出的拦截能力较低，不能有效缓解水质恶化。

在大起伏地区，坡地景观特征对丰水期水质有最高解释力的是陡坡旱地 PL(0.84)，枯水期是平地建设用地 PL(0.74)。在大起伏地区，面积占比为 2.6% 的陡坡旱地和 0.1% 的平地建设用地对河流水质的影响被地形放大，对河流水质的威胁程度显著增加(渠勇建 等，2019)。在大起伏地区，缓坡林地和陡坡林地等"汇"景观对河流水质的解释力较高：在丰水期有陡坡林地 PD(0.81)、缓坡林地 ED(0.80)和陡坡林地 PL(0.78)，对河流水质均有显著的正面影响；在枯水期有陡坡林地 PL(0.72)、缓坡林地 ED(0.71)和陡坡林地 ED(0.71)，对河流水质同样有显著的正面影响。这表明斑块面积大的大起伏地区的林地景观可以有效地净化河流水质。但是"源"景观对河流水质的解释力同样较高：在丰水期还有陡坡旱地 PD(0.83)；在枯水期还有陡坡旱地 PL(0.73)等。因此，严禁在坡度大于

25°的地方耕作,并应继续开展退耕还林工作。

5.2.3.2 坡地景观特征因子与环境因素的交互作用

本研究选取自然因素(气温、降水)和社会经济因素(人口密度、人均 GDP)作为环境因素。气温和降水数据来自中国科学院资源环境科学数据中心,通过插值得到赤水河各子流域 2017 年、2021 年丰水期与枯水期月平均气温和降水。人口密度和人均 GDP 通过查阅云南省、贵州省和四川省的统计年鉴获得,插值得到各子流域 2017 年的平均人员密度和人均 GDP。

使用地理探测器的交互探测方法来探究赤水河流域河流水质受环境因素控制或受景观特征和环境因素两者共同作用的程度。在两个水期两类地形起伏地区,结合坡地景观特征与河流水质的相关性分析,从地理探测器的单因子分析中选取对河流水质影响较大的因子,并结合先前研究中对河流水质有重要影响的环境因素(气温、降水、人口密度和人均 GDP),探究因子间交互作用对河流水质的影响,交互作用结果如图 5-18 所示。横向与纵向两个因子的交点数值表示两个因子交互作用对河流水质的解释力。

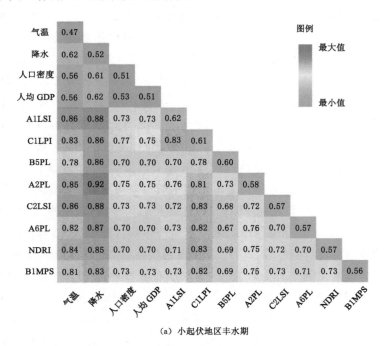

(a) 小起伏地区丰水期

图 5-18 坡地景观特征与环境因素交互作用

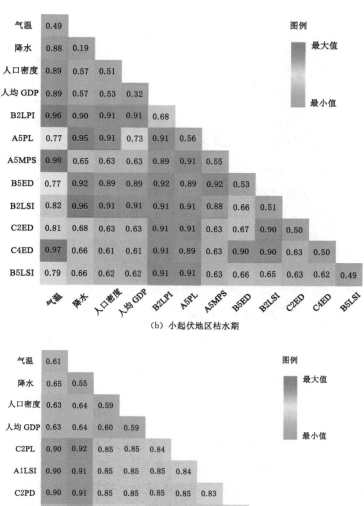

（b）小起伏地区枯水期

（c）大起伏地区丰水期

图 5-18　（续）

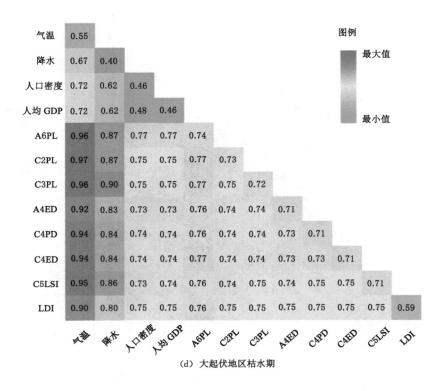

图 5-18 （续）

交互探测结果表明，坡地景观特征在气温、降水、人口密度和人均 GDP 等环境因素的作用下对河流水质的影响存在时空差异。两个水期的两类地形起伏地区，各因素之间的交互作用对河流水质的影响大于各因素单独的影响，交互作用的结果是二元增强的。

① 如图 5-18(a)所示，在小起伏地区丰水期，降水(0.52)和平地旱地面积占比(A2PL,0.58)的相互作用对河流水质的解释力最大(降水 ∩ A2PL,0.92)。

② 如图 5-18(b)所示，在小起伏地区枯水期，当气温(0.49)与平地草地的平均斑块大小(A5MPS,0.55)相互作用时，它对河流水质的解释力最大(气温 ∩ A5MPS,0.98)。这表明在温度的作用下，草地对河流水质的影响更强。人口密度和人均 GDP 可以代表人类活动的集中程度，而人类活动已经显著降低了流域的水质。在小起伏地区中，人口密度、人均 GDP 与坡地景观特征之间的相互作用显著增加了对河流水质的影响，这在枯水期尤为明显。

③ 如图 5-18(c)所示,在大起伏地区丰水期,降水(0.55)和陡坡旱地面积占比(C2PL,0.84)之间的相互作用对河流水质的解释力最大(降水∩C2PL,0.92)。土壤侵蚀也反映了地表径流的状态,地表径流将农业杀虫剂和化肥带入河流,这使得降水与其他因素之间的相互作用对大起伏地区丰水期的河流水质具有更高的解释力。

④ 如图 5-18(d)所示,在大起伏地区枯水期,气温(0.55)和陡坡旱地面积占比(C2PL,0.73)之间的相互作用对水质的解释力最大(气温∩C2PL,0.97)。在大起伏地区还需注意坡耕地的土壤侵蚀、耕作措施带来的养分损失、耕地质量下降以及坡耕地变化的驱动力等问题(史东梅 等,2020;雷金银 等,2020;李辉丹等,2022)。

从交互作用的结果可以得出,坡地景观特征在气温、降水、人口密度和人均GDP 等环境因素的作用下对河流水质的影响显著提升。在参与交互作用的环境因素中:在丰水期,坡地景观特征因子在降水的作用下对河流水质的解释力达到最大;在枯水期,坡地景观特征因子在气温的作用下对河流水质的解释力达到最大。因此,单独使用坡地景观特征作为评价其对河流水质影响的因素是不够的,应考虑环境因素与坡地景观特征的综合影响,这与 Li 等(2020)的研究结论一致。

5.2.4　"坡地景观-水质"响应模型构建

已有相关研究表明,线性"景观特征-水质"响应模型的拟合优度并不是很高(林国敏 等,2019;杜展鹏 等,2020),这可能是景观特征对河流水质的综合影响比较复杂,难以用经典的统计方法解释清楚。而赤水河流域具有独特的地形地貌特征,使得"坡地景观-水质"响应关系更为复杂,因此需构建非线性模型更好地模拟"坡地景观-水质"响应关系。

BP 神经网络模型具有求解复杂的非线性问题的最优解快速、容纳错误的能力强、学习和适应能力强等优点,基于此本书引入 BP 神经网络模型,以与水质参数显著相关的坡地景观特征和环境因素作为水质影响因子对河流水质参数进行反演。

5.2.4.1　显著水质影响因子共线性检测

景观特征因子种类众多,而且有些景观特征之间还存在信息冗余,在建立非线性模型之前,需要筛选出对河流水质参数影响较大,同时坡地景观特征因子之间不存在冗余信息的景观特征作为水质影响因子。分别对两个水期的两类地形起伏地区水质影响因子做共线性统计,得出 VIF。一般当 $0 < VIF < 10$ 时,则不存在多重共线性。

在建立 BP 神经网络之前,针对每个区域的水质指数,依据地理探测器因子探测和交互探测对河流水质的解释力结果,选择解释力较高且不存在多重共线性的环境因子和景观特征因子进入"坡地景观-水质"响应模型的坡地景观特征作为网络的输入神经元。各区域通过共线性分析筛选后的水质影响因子如表 5-9 至表 5-12 所示。

表 5-9　小起伏地区丰水期水质影响因子共线性分析

指标	B5PL	A2PL	C2LSI	A6PL	NDRI	降水
解释力	0.60	0.58	0.57	0.57	0.57	0.52
VIF	1.108	1.390	1.187	1.372	1.475	1.095

如表 5-9 所示,在小起伏地区丰水期建立"坡地景观-水质"响应模型所需要的水质影响因子有缓坡草地面积占比(B5PL)、平地旱地面积占比(A2PL)、陡坡旱地景观形状指数(C2LSI)、平地建设用地面积占比(A6PL)、归一化岩石指数(NDRI)和降水。平地水田景观形状指数(A1LSI)和陡坡水田最大斑块指数(C1LPI)未通过共线性检测。

如表 5-10 所示,在小起伏地区枯水期建立"坡地景观-水质"响应模型所需要的水质影响因子有缓坡旱地最大斑块指数(B2LPI)、平地草地平均斑块大小(A5MPS)、人口密度、缓坡旱地景观形状指数(B2LSI)、陡坡灌木丛边缘密度(C4ED)和气温。平地草地面积占比(A5PL)、缓坡草地边缘密度(B5ED)和陡坡旱地边缘密度(C2ED)未通过共线性检测。

表 5-10　小起伏地区枯水期水质影响因子共线性分析

指标	B2LPI	A5MPS	人口密度	B2LSI	C4ED	气温
解释力	0.68	0.55	0.51	0.51	0.50	0.49
VIF	1.847	1.374	1.579	1.486	2.492	1.497

如表 5-11 所示,在大起伏地区丰水期建立"坡地景观-水质"响应模型所需要的水质影响因子有陡坡旱地面积占比(C2PL)、陡坡旱地斑块密度(C2PD)、陡坡草地景观形状指数(C5LSI)、陡坡林地斑块密度(C3PD)、气温和降水。平地水田景观形状指数(A1LSI)、陡坡草地边缘密度(C5ED)和平地草地平均斑块大小(A1MPS)未通过共线性检测。

表 5-11 大起伏地区丰水期水质影响因子共线性分析

指标	C2PL	C2PD	C5LSI	C3PD	气温	降水
解释力	0.84	0.83	0.83	0.81	0.61	0.55
VIF	3.771	4.056	1.608	1.863	1.662	1.314

如表 5-12 所示,在大起伏地区枯水期建立"坡地景观-水质"响应模型所需要的水质影响因子有平地建设用地面积占比(A6PL)、陡坡林地面积占比(C3PL)、平地灌木丛边缘密度(A4ED)、陡坡草地景观形状指数(C5LSI)、气温和景观开发强度指数(LDI)。陡坡旱地面积占比(C2PL)、陡坡灌木丛斑块密度(C4PD)和陡坡灌木丛边缘密度(C4ED)未通过共线性检测。

表 5-12 大起伏地区枯水期水质影响因子共线性分析

指标	A6PL	C3PL	A4ED	C5LSI	气温	LDI
解释力	0.74	0.72	0.71	0.70	0.55	0.59
VIF	1.592	2.620	2.302	2.002	1.793	1.819

5.2.4.2 "坡地景观-水质"响应模型构建

有研究指出,BP 神经网络模型具有偏差和至少一个 S 形隐含层加上一个线性输出层的网络,能够逼近任何一个函数(赵程铭 等,2022;郑贵洲 等,2017)。本研究针对不同水期不同地形起伏的水质指数,选取与该水质参数相关性较高的坡地景观特征作为输入,选取相应的水质参数的学习矩阵作为期望输出,建立关于景观特征和水质的 3 层结构的 BP 神经网络模型,通过对整个网络的训练,反复对比网络训练精度,逐步调试隐含层神经元个数,隐含层的节点数最终确定为 7 个,即网络结构为 6-7-1,如图 5-19 所示。"坡地景观-水质"响应模型构建过程如下。

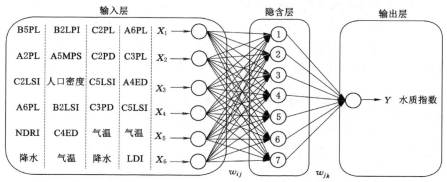

图 5-19 "坡地景观-水质"响应模型

① 数据的归一化处理。数据归一化处理把输入数据转化为[0,1]之间，目的是消除各维数据之间的数量级差别，避免因为输入和输出数据量级差别较大而造成网络预测的误差较大。

② 初始化网络结构。BP 神经网络权值初始化方法对网络的整体训练时间有着很大的影响，能够在很大程度上增加或减少网络的训练时间，网络训练从误差曲面开始的位置是由网络权值决定的，本研究采取随机赋值的方法。

③ BP 神经网络结构的确定。本研究构建的 BP 神经网络的函数形式为 net = newff(P,T,S,TF,BTF,BLF)，P 是输入数据矩阵，T 是输出数据矩阵，S 是隐含层节点数，TF 是节点传递函数，BTF 是训练函数，BLF 是网络学习函数。本研究根据水质参数和对应的坡地景观特征数据的特点，建立水质参数的 BP 神经网络结构，初始学习率设置为 0.01，训练步数为 1 000，误差性能目标值为 0.000 1，即当误差值小于等于 0.000 1 时，认定学习结束，输出结果。

④ BP 神经网络训练函数。使用训练数据训练 BP 神经网络，函数的形式为：[net,tr] = train(NET,X,T)，NET 是待训练网络，X 是输入数据矩阵，T 是输出数据矩阵。训练函数形式为：net = train(net,input$n$,output$n$)。

⑤ 输入变量，计算网络输出误差。通过输出误差来调整各层权值，检验网络总误差是否达到设定的精度，直到满足设定的精度为止。

⑥ 输入验证数据，进行网络预测及将预测结果反归一化输出。

⑦ 将隐含层节点数范围内的节点数都一一调试后，根据拟合系数 R^2、测试样本的平均相对误差(MAE)来得到最优网络。

5.2.4.3 "坡地景观-水质"响应模型验证

本研究分别在两个水期两类地形起伏地区建立"坡地景观-水质"响应模型。参与训练的数据和参与验证的数据如表 5-13 所示，采用 k-fold 交叉训练方式，将全部数据随机分为训练数据与验证数据，保证二者比例基本满足 7∶3。k-fold 交叉训练是一种随机循环验证的方法，可以随机将样本分割成几个子集，并可以选择分割后的一部分数据作为训练样本，另一部分数据作为测试样本，然后计算训练样本和测试样本的平均测试误差的最小值作为神经网络的连接权值，这种做法在样本数据较少的时候，可以使得生成的模型对新的数据具有较好的泛化能力。

表 5-13 "坡地景观-水质"响应模型模拟精度评价

地区	参与训练的数据/组	参与验证的数据/组	R^2	MAE
小起伏地区丰水期	24	9	0.882	0.176
小起伏地区枯水期	21	9	0.843	0.172
大起伏地区丰水期	16	6	0.864	0.102
大起伏地区枯水期	15	6	0.829	0.114

　　BP 神经网络的训练数据通过一定次数的训练确定神经网络内部的连接权值和阈值,验证数据对构建的估算模型的输出结果进行验证。选用 R^2 及 MAE 作为模型模拟精度的评定指标。对两个水期两类地形起伏地区建立的"坡地景观-水质"响应模型进行验证,BP 预测值和实测数据的对比结果如图 5-20 所示。

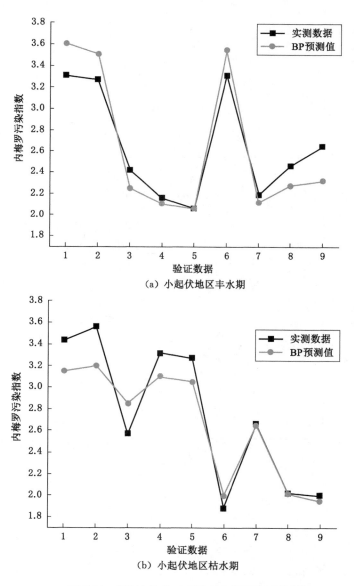

(a) 小起伏地区丰水期

(b) 小起伏地区枯水期

图 5-20　"坡地景观-水质"响应模型验证结果

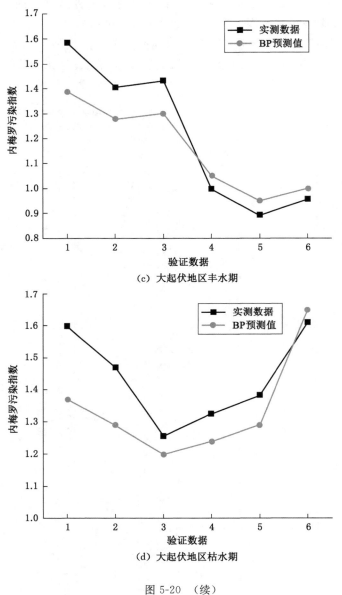

（c）大起伏地区丰水期

（d）大起伏地区枯水期

图 5-20 （续）

　　拟合效果最好的是小起伏地区丰水期，R^2 为 0.882；其次是大起伏地区丰水期，R^2 为 0.864；然后是小起伏地区枯水期（R^2 为 0.843）和大起伏地区枯水期（R^2 为 0.829）。综合来看，枯水期拟合优度略低于丰水期，这可能是由于丰水期水质数据量较大,参与建模的数据和参与验证的数据较多,拟合效果较好。大起伏地区拟合程度略低于小起伏地区,可能是因为小起伏地区景观特征更均匀,而大起伏地区优势景观过于依赖林地景观。

5.2.4.4　最终进入模型的自变量分析

最终进入模型的自变量即认为是该区域影响水质指数的重要景观特征和环境因子。对比分析两个水期两类地形起伏地区进入"坡地景观-水质"响应模型的水质影响因子,发现不同水期不同地形起伏地区的景观特征和环境因子对响应模型的贡献不同。

在小起伏地区,丰水期建立响应模型所需要的水质影响因子有缓坡草地面积占比(B5PL)、平地旱地面积占比(A2PL)、陡坡旱地景观形状指数(C2LSI)、平地建设用地面积占比(A6PL)、归一化岩石指数(NDRI)和降水;枯水期建立响应模型所需要的水质影响因子有缓坡旱地最大斑块指数(B2LPI)、平地草地平均斑块大小(A5MPS)、人口密度、缓坡旱地景观形状指数(B2LSI)、陡坡灌木丛边缘密度(C4ED)和气温。旱地景观特征在小起伏地区对响应模型的贡献较大,如平地旱地面积占比(A2PL)、陡坡旱地景观形状指数(C2LSI)、缓坡旱地最大斑块指数(B2LPI)和缓坡旱地景观形状指数(B2LSI)。

在大起伏地区,丰水期建立响应模型所需要的水质影响因子有陡坡旱地面积占比(C2PL)、陡坡旱地斑块密度(C2PD)、陡坡草地景观形状指数(C5LSI)、陡坡林地斑块密度(C3PD)、气温和降水;枯水期建立响应模型所需要的水质影响因子有平地建设用地面积占比(A6PL)、陡坡林地面积占比(C3PL)、平地灌木丛边缘密度(A4ED)、陡坡草地景观形状指数(C5LSI)、气温和景观开发强度指数(LDI)。林地景观特征在大起伏地区对响应模型的贡献较大,如丰水期是陡坡林地斑块密度(C3PD),枯水期是陡坡林地面积占比(C3PL),并且气温对两个水期也均有较大影响。

在丰水期,旱地景观特征和降水对响应模型的贡献较大,在小起伏地区是平地旱地面积占比(A2PL)和陡坡旱地景观形状指数(C2LSI);在大起伏地区是陡坡旱地面积占比(C2PL)和陡坡旱地斑块密度(C2PD)。并且降水在丰水期也对两个地区的响应模型都有较大影响。

在枯水期,人类活动对水质的影响显著提高,在小起伏地区为人口密度,在大起伏地区为景观开发强度指数(LDI),同时气温对两个地区也均有较大影响。

5.2.5　赤水河水环境保护建议

2006 年出版的《中国水利百科全书》指出水资源保护是保持水资源可持续利用状态所采取的行政、法律、经济、技术等保护措施,包含水资源合理开发和水质保护两个方面。我国河流水质污染严重,如何防治水质污染已成为我国水环境保护的一个重要课题。本研究在综合分析国内外研究资料和本研究结果的基础上，指出控制河流氮磷污染除了需要制定环境标准、加强立法管理、设立管理机构和加强水质监督管理外，对于喀斯特流域还应该探究不同地形起伏地区的水质影响因素存在的差异，在不同的地形起伏地区应采取不同的管理策略。

对于小起伏地区，景观是自然景观和人为景观的结合点，受人类活动的影响很大，应该重点协调自然景观类型和人为景观类型之间的关系。由"坡地景观-水质"响应模型可得出旱地景观特征在小起伏地区对河流水质的负贡献较大，如平地旱地面积占比（A2PL）、陡坡旱地景观形状指数（C2LSI）、缓坡旱地最大斑块指数（B2LPI）和缓坡旱地景观形状指数（B2LSI）。因此，要加强土地平整、土壤改良、灌溉排水、农田保护、农田输配电、科技服务、建设后的管护，切实提高耕地容量和质量；要合理规划灌木丛和草地的结构和布局。同时，还应注意提高水源保护区内森林的比例，防止水源保护区的建筑物或农田占用林地。另外，小起伏地区景观碎片化程度高，林地被切割成更小的斑块，相邻"源"景观斑块的污染物输出拦截能力降低，水质恶化的风险会增加。林地在保持水质和提供积极的生态反馈方面发挥着重要作用，增加林地连通性也是改善水质的有效手段。

对于大起伏地区，林地景观特征贡献最大，如丰水期的陡坡林地斑块密度（C3PD）、枯水期的陡坡林地面积占比（C3PL），并且气温对两个水期的水质也均有较大影响。坡地景观特征与环境因素之间的交互作用研究（图5-18）得出陡坡旱地在气温和降水影响下进一步加大河流水质恶化的风险。因此，必须严禁在坡度大于25°的坡地上耕作，并继续开展退耕还林工作。退耕还林还草工程作为生态修复的重要手段对贵州省山区土地利用变化具有重大影响，通过减少坡耕地的数量可有效控制水土流失并减少对水质的污染。同时，增加森林斑块的连通性，有利于持续净化水质。伴随着生态环境的改善，地方可大力发展生态旅游，在生态环境得到保护的同时，将生态效益转化为经济效益。赤水河流域生态现状指标排名靠前的子流域，主要分布在大起伏地区，且以森林生态系统为主。同时，水源涵养和土壤保持功能最高的子流域也位于大起伏地区。

参 考 文 献

安艳玲,吕婕梅,吴起鑫,等,2015.赤水河流域上游枯水期水化学特征及其影响因素分析[J].环境科学与技术,38(8):117-122.

白平,杨为民.保护赤水河流域生态环境迫在眉睫[N].中国环境报,2014-02-07(2).

鲍文,何丙辉,包维楷,等,2004.森林植被对降水的截留效应研究[J].水土保持研究,11(1):193-197.

边晓辉,刘友存,陈明,等,2020.赣江上游章江流域地形因子特征及其对景观格局的影响[J].西南农业学报,33(6):1263-1272.

卜兆宏,唐万龙,杨林章,等,2003.水土流失定量遥感方法新进展及其在太湖流域的应用[J].土壤学报,40(1):1-9.

蔡宏,何政伟,安艳玲,等,2014.基于 RS 和 GIS 的赤水河流域植被覆盖度与各地形因子的相关强度研究[J].地球与环境,42(4):518-524.

蔡宏,何政伟,安艳玲,等,2015.基于遥感和 GIS 的赤水河水质对流域土地利用的响应研究[J].长江流域资源与环境,24(2):286-291.

蔡宏,林国敏,康文华,2018.赤水河流域中上游坡地景观特征对河流水质的影响[J].地理研究,37(4):704-716.

蔡宏,2006.基于遥感的昆明市城市扩展过程中土地利用变化情况对比研究[D].昆明:昆明理工大学.

陈蕾,邱凉,翟红娟,2011.赤水河流域水资源保护研究[J].人民长江,42(2):67-70.

陈强,胡勇,巩彩兰,2011.卫星遥感技术在农业非点源污染评价中的应用分析[J].国土资源遥感,91(4):1-5.

陈清飞,陈安强,叶远行,等,2023.滇池流域土地利用变化对地下水水质的影响[J].中国环境科学,43(1):301-310.

崔承禹,1994.岩石的热惯量研究[J].环境遥感(3):177-183.

戴明宏,张军以,王腊春,等,2015.岩溶地区土地利用/覆被变化的水文效应研究进展[J].生态科学,34(3):189-196.

杜展鹏,王明净,严长安,等,2020.基于绝对主成分-多元线性回归的滇池污染源解析[J].环境科学学报,40(3):1130-1137.

段增强,张凤荣,孔祥斌,2005.土地利用变化信息挖掘方法及其应用[J].农业工程学报,21(12):60-66.

冯爱萍,郝新,罗仪宁,等,2022.滦河流域承德市非点源污染遥感模型评估分析[J].农业环境科学学报,41(11):2417-2427.

耿金,陈建生,张时音,2013.赤水河上游流域水化学变化与离子成因分析[J].水文,33(1):44-50.

郭军庭,张志强,王盛萍,等,2014.应用SWAT模型研究潮河流域土地利用和气候变化对径流的影响[J].生态学报,34(6):1559-1567.

郭琴,龙健,廖洪凯,等,2017.贵州高原喀斯特流域浅层地下水化学特征及质量评价:以普定后寨河为例[J].环境化学,36(4):858-866.

郭永丽,姜光辉,刘凡,2020.基于SWAT模型的典型岩溶地下河流域水文过程模拟[C]//河海大学,生态环境部黄河流域生态环境监督管理局,华北水利水电大学,等.2020(第八届)中国水生态大会论文集.[出版地不详:出版者不详]:42-66.

郭玉静,王妍,刘云根,等,2018.普者黑岩溶湖泊湿地湖滨带景观格局演变对水质的影响[J].生态学报,38(5):1711-1721.

韩冬冬,朱仲元,宋小园,等,2019.土地覆被和气候变化对锡林河流域径流量的影响[J].水土保持研究,26(2):153-160.

郝改瑞,2021.汉江流域陕西段非点源污染特征及模型模拟研究[D].西安:西安理工大学.

何守阳,朱立军,董志芬,等,2010.典型岩溶地下水系统地球化学敏感性研究[J].环境科学,31(5):1176-1182.

贺凯凯,陈清敏,成星,等,2024.中国西南及陕西秦巴地区岩溶石漠化研究进展[J].中国岩溶,43(1):147-162.

侯文娟,高江波,戴尔阜,等,2018.基于SWAT模型模拟乌江三岔河生态系统产流服务及其空间变异[J].地理学报,73(7):1268-1282.

黄薇,马赟杰,2011.赤水河流域生态补偿机制初探[J].长江科学院院报,28(12):27-31.

黄旋,陈余道,2013.桂林城区地下水硝酸盐污染现状及其成因分析[J].地下水,35(3):69-71.

吉冬青,文雅,魏建兵,等,2015.流溪河流域景观空间特征与河流水质的关联分析[J].生态学报,35(2):246-253.

贾亚男,刁承泰,袁道先,2004.土地利用对埋藏型岩溶区岩溶水质的影响:以涪陵丛林岩溶槽谷区为例[J].自然资源学报,19(4):455-461.

江辉,2011.基于多源遥感的鄱阳湖水质参数反演与分析[D].南昌:南昌大学.

江民,2022.西南喀斯特地区生态系统服务功能时空变化及驱动因子分析[D].武汉:华中农业大学.

蒋勇军,袁道先,谢世友,等,2006.典型岩溶农业区地下水质与土地利用变化分析:以云南小江流域为例[J].地理学报,61(5):471-481.

康文华,2019.不同地貌条件下景观对河流水质的影响差异研究[D].贵阳:贵州大学.

康文华,蔡宏,林国敏,等,2020.不同地貌条件下景观对河流水质的影响差异[J].生态学报,40(3):1031-1043.

赖格英,易姝琨,刘维,等,2018.基于修正SWAT模型的岩溶地区非点源污染模拟初探:以横港河流域为例[J].湖泊科学,30(6):1560-1575.

雷金银,雷晓婷,周丽娜,等,2020.耕作措施对缓坡耕地土壤养分分布及肥料利用率的影响[J].农业工程学报,36(18):127-134.

李冠稳,高晓奇,肖能文,2021.基于关键指标的黄河流域近20年生态系统质量的时空变化[J].环境科学研究,34(12):2945-2953.

李辉丹,史东梅,夏蕊,等,2022.基于地理探测器的重庆坡耕地时空格局演变特征及驱动机制[J].农业工程学报,38(12):280-290.

李吉平,徐勇峰,陈子鹏,等,2019.洪泽湖地区麦稻两熟农田及杨树林地降雨径流对地下水水质的影响[J].中国生态农业学报(中英文),27(7):1097-1104.

李昆,谢玉静,孙伟,等,2020.农业主产区湖泊水质对湖滨带多尺度景观格局的空间响应[J].应用生态学报,31(6):2057-2066.

李磊,董晓华,喻丹,等,2013.基于SWAT模型的清江流域径流模拟研究[J].人民长江,44(22):25-29.

李威,吕思思,赵祖伦,等,2023.土地利用对流域水源涵养及水质净化的影响:以乌江流域为例[J].生态学报,43(20):8375-8389.

李维能,方贤铨,1983.地貌学:测绘专业用[M].北京:测绘出版社.

李文婷,杨肖丽,任立良,2022.赣江流域气候和土地利用变化对蓝绿水的影响[J].水资源保护,38(5):166-173,189.

李璇琼,何政伟,龙晓君,等,2012.甘孜州九龙县水土流失评价研究[J].测绘科学,37(6):62-65.

李阳兵,2010.喀斯特小流域复杂景观中水质状况[J].生态环境学报,26

(6):1348-1353.

梁旭,刘华民,纪美辰,等,2021.北方半干旱区土地利用/覆被变化对湖泊水质的影响:以岱海流域为例(2000—2018年)[J].湖泊科学,33(3):727-738.

廖要明,张强,陈德亮,2004.中国天气发生器的降水模拟[J].地理学报,59(5):689-698.

林国敏,蔡宏,康文华,等,2019.赤水河中上游坡景观特征动态变化研究[J].生态科学,38(5):151-159.

林国敏,2019.典型喀斯特流域坡地景观特征对河流水质影响及建模研究:以赤水河中上游为例[D].贵阳:贵州大学.

刘方,罗海波,刘元生,等,2007.喀斯特石漠化区农业土地利用对浅层地下水质量的影响[J].中国农业科学,40(6):1214-1221.

刘纪远,庄大方,张增祥,等,2002.中国土地利用时空数据平台建设及其支持下的相关研究[J].地球信息科学,4(3):3-7.

刘家威,蔡宏,郑婷婷,等,2022.基于SWAT模型的赤水河流域径流年内分配特征及其对降水的响应研究[J].水土保持通报,42(3):180-187.

刘丽娟,李小玉,何兴元,2011.流域尺度上的景观格局与河流水质关系研究进展[J].生态学报,31(19):5460-5465.

刘庆,2016.流溪河流域景观特征对河流水质的影响及河岸带对氮的削减效应[D].广州:中国科学院研究生院(广州地球化学研究所).

刘瑞,朱道林,2010.基于转移矩阵的土地利用变化信息挖掘方法探讨[J].资源科学,32(8):1544-1550.

刘维,赖格英,彭小娟,等,2016.基于植被岩溶比重指数的岩溶流域岩溶信息提取:以江西省长河流域为例[J].江西科学,34(2):194-199,222.

刘伟,李逢港,李沁芮,等,2023.基于SWAT模型的釜溪河流域非点源污染负荷模拟研究[J].环境污染与防治,45(8):1176-1182.

彭嘉玉,吴越,侯泽英,等,2022.洱海西部灌排沟渠水质特征及土地利用的影响[J].环境工程技术学报,12(3):675-682.

渠勇建,成向荣,虞木奎,等,2019.基于SWAT模型的衢江流域土地利用变化径流模拟研究[J].水土保持研究,26(1):130-134.

全志勇,2014.几类神经网络的稳定性及非线性逼近性的研究[D].长沙:湖南大学.

任启伟,2006.基于改进SWAT模型的西南岩溶流域水量评价方法研究[D].武汉:中国地质大学.

任晓冬,2010.赤水河流域综合保护与发展策略研究[D].兰州:兰州大学.

茹锦文,白桂云,黄瑞照,1984.热遥感在桂林附近地质研究中的应用[J].中国岩溶(1):79-88.

史东梅,江娜,蒋光毅,等,2020.紫色土坡耕地耕层质量影响因素及其敏感性分析[J].农业工程学报,36(3):135-143.

苏跃,刘方,李航,等,2008.喀斯特山区不同土地利用方式下土壤质量变化及其对水环境的影响[J].水土保持学报,22(1):65-68.

孙金华,曹晓峰,黄艺,2011.滇池流域土地利用对入湖河流水质的影响[J].中国环境科学,31(12):2052-2057.

覃自阳,甘凤玲,何丙辉,2020.岩层倾向对喀斯特槽谷区地表/地下产流过程的影响[J].水土保持学报,34(5):68-75,80.

谭志卫,余艳红,武孔焕,等,2021.星云湖流域不同耕地轮作休耕情景对水质的影响及经济效益分析研究[J].环境污染与防治,43(3):400-404.

唐敏,蔡宏,尹柳愿,2023.基于地形起伏的赤水河流域坡地土地利用时空变化[J].测绘地理信息,48(2):127-132.

滕智超,丁爱中,李亚惠,等,2016.赤水河上游水质时空特征分析及其污染源解析[J].北京师范大学学报(自然科学版),52(3):322-327.

王晨茜,张琼锐,张若琪,等,2022.广东省珠江流域景观格局对水质净化服务的影响[J].生态环境学报,31(7):1425-1433.

王俊祺,潘文斌,2014.生态环境变化遥感评价指数的应用研究:以敖江流域为例[J].环境科学与管理,39(12):186-190.

王赛男,2020.基于SWAT模型的气候变化与土地利用/覆被变化对岩溶断陷盆地水资源量的影响研究:以南洞地下河流域为例[D].重庆:西南大学.

王亚楠,税伟,杨海峰,等,2019.21世纪以来闽三角城市群人类景观开发强度的时空演变:基于能值-GIS方法[J].生态学报,39(5):1688-1700.

王亚茹,2020.SWAT模型优化与土地利用变化的径流效应研究:以南北盘江流域为例[D].北京:中国地质大学(北京).

王英武,朱觉先,2006.遥感技术在宜万铁路工程地质选线中的应用[J].铁道工程学报(增刊1):82-84,274.

温馨,2017.生态脆弱区村落类型与人类福祉相关性研究:以陕西省来米脂县为例[D].西安:西北大学.

吴志杰,赵书河,2012.基于TM图像的"增强的指数型建筑用地指数"研究[J].国土资源遥感,24(2):50-55.

夏品华,孔祥量,喻理飞,2016.草海湿地小流域土地利用与景观格局对氮、磷输出的影响[J].环境科学学报,36(8):2983-2989.

夏叡,李云梅,王桥,等,2010.基于遥感的无锡市土地利用与过境水质响应关系的研究[J].地理科学,30(1):129-133.

肖体琼,何春霞,陈永生,等,2014.基于SPSS的江苏省农机化发展影响因素多元回归分析[J].中国农机化学报,35(3):263-267.

徐涵秋,2013.区域生态环境变化的遥感评价指数[J].中国环境科学,33(5):889-897.

徐明珠,徐国策,乔海亮,等,2023.秦岭南麓小流域不同空间尺度景观格局对水质的影响分析[J].环境科学学报,43(10):1-11.

杨洁,许有鹏,高斌,等,2017.城镇化下河流水质变化及其与景观格局关系分析:以太湖流域苏州市为例[J].湖泊科学,29(4):827-835.

杨军军,2012.基于SWAT模型的湟水流域径流模拟研究[D].西宁:青海师范大学.

杨李艳,2018.元江流域气候与土地利用变化对径流的影响模拟研究[D].昆明:云南大学.

易武英,苏维词,2013.基于RS和GIS技术的乌江流域生态环境质量现状诊断[J].中国岩溶,32(4):447-452.

袁江,李瑞,舒栋才,等,2021.基于SWAT模型的喀斯特流域产流特征对石漠化治理措施的响应[J].水土保持学报,35(6):151-160.

张程鹏,张凤娥,耿新新,等,2020.岩溶地下河在SWAT中的概化方法:以毕节倒天河流域为例[J].中国岩溶,39(5):665-672.

张柳柳,刘睿,张静,等,2022.长江上游坡地景观特征对河流水质的影响[J].生态学报,42(16):6704-6717.

张松涛,程启越,李光建,2008.桐梓河水文特性分析[J].硅谷(17):1.

张惟理,2012.黔张常铁路岩溶地区遥感地质选线研究[C]//西南交通大学学报编辑部.中国铁道学会铁道工程学会工程地质与路基专业委员会第二十三届年会论文集.成都:西南交通大学学报编辑部:251-256.

张新,程熙,李万庆,等,2014.流域非点源污染景观源汇格局遥感解析[J].农业工程学报,30(2):191-197.

张跃红,安裕伦,马良瑞,等,2012.1960—2010年贵州省喀斯特山区陡坡土地利用变化[J].地理科学进展,31(7):878-884.

张招招,程军蕊,毕军鹏,等,2019.甬江流域土地利用方式对面源磷污染的影响:基于SWAT模型研究[J].农业环境科学学报,38(3):650-658.

张志敏,杜景龙,陈德超,等,2022.典型网状河网区域土地利用和景观格局对地表季节水质的影响:以江苏省溧阳市为例[J].湖泊科学,34(5):1524-1539.

赵程铭,董晓华,李中华,等,2022.基于神经网络的黄柏河东支流域水质遥感估算[J].环境科学与技术,45(6):195-202.

赵静,吴昌广,周志翔,等,2011.三峡库区 1988—2007 年植被覆盖动态变化研究[J].长江流域资源与环境,20(增刊 1):30-38.

赵俊鹏,赵来,徐德荣,2014.SWAT 模型中集水面积阈值对径流模拟的影响[J].黑龙江工程学院学报(自然科学版),28(3):10-14.

赵鹏,夏北成,秦建桥,等,2012.流域景观格局与河流水质的多变量相关分析[J].生态学报,32(8):2331-2341.

赵宇鸾,李秀彬,张颖,2017.黔桂喀斯特山地与山区类型划分技术与应用[J].地球信息科学学报,19(7):934-940.

郑冬梅,曾伟生,智长贵,等,2013.三峡库区森林郁闭度的遥感定量估测[J].中南林业科技大学学报,33(9):1-4.

郑贵洲,乐校冬,王红平,等,2017.基于 WorldView-02 高分影像的 BP 和RBF 神经网络遥感水深反演[J].地球科学,42(12):2345-2353.

郑婷婷,蔡宏,刘家威,2023.土地利用及气候变化对桐梓河流域水文要素空间分布的影响[J].长江科学院院报,40(5):44-50.

周巧稚,张玉刚,杜婧,等,2022.基于遥感技术的茗溪流域水土流失动态监测研究[J].中国水土保持(7):62-64.

周石松,汤玉奇,程宇翔,等,2023.郴州市郴江河流域水质与土地利用关联的空间异质性分析[J].自然资源遥感,35(3):1-12.

朱康文,陈玉成,熊海灵,等,2021.未来发展情景选择对农业面源污染风险的影响分析[J].农业环境科学学报,40(9):1971-1981.

朱颖,吴颖茜,李欣,2020.协调发展视角下沙家浜国家湿地公园质量评价[J].浙江农林大学学报,37(3):432-438.

朱珍香,高肖飞,彭凤,等,2019.厦门后溪水质与流域景观特征沿城乡梯度的变化分析[J].生态学报,39(6):2021-2033.

AMIN M M, VEITH T L, COLLICK A S, et al., 2017. Simulating hydrological and nonpoint source pollution processes in a karst watershed: a variable source area hydrology model evaluation [J]. Agricultural water management,180:212-223.

BROGNA D, DUFRENE M, MICHEZ A, et al., 2018. Forest cover correlates with good biological water quality. Insights from a regional study (Wallonia,Belgium)[J].Journal of environmental management,211:9-21.

BROGNA D,MICHEZ A,JACOBS S,et al.,2017.Linking forest cover to water quality：a multivariate analysis of large monitoring datasets[J].Water,9：1-17.

CAI H, HE Z W, YANG D, et al., 2014. Distribution and formation of the abnormal heat island in Guiyang, southwestern China[J].Journal of applied remote sensing,8(1)：1-10.

CAMARA M,JAMIL N R,BIN ABDULLAH A F,2019.Impact of land uses on water quality in Malaysia：a review[J].Ecological processes,8：1-10.

CHU H J, LIU C Y, WANG C K, 2013. Identifying the relationships between water quality and land cover changes in the Tseng-Wen Reservoir watershed of Taiwan[J]. International journal of environmental research and public health,10：478-489.

DAI X Y,ZHOU Y Q,MA W C,et al.,2017.Influence of spatial variation in land-use patterns and topography on water quality of the rivers inflowing to Fuxian Lake, a large deep lake in the plateau of southwestern China[J]. Ecological engineering,99：417-428.

DUAN M Q,ZHANG S L,XU M X,et al.,2022.Response of surface water quality characteristics to socio-economic factors in Eastern-Central China[J]. Plos one,17：1311-1319.

ESTOQUE R C,MURAYAMA Y,LASCO R D,et al.,2018.Changes in the landscape pattern of the La Mesa Watershed：the last ecological frontier of Metro Manila,Philippines[J].Forest ecology and management,430：280-290.

FENG Z H, XU C J, ZUO Y P, et al., 2023. Analysis of water quality indexes and their relationships with vegetation using self-organizing map and geographically and temporally weighted regression ［J］. Environmental research,216：125-133.

FERNANDES J D F,DE SOUZA A L T,TANAKA M O,2014.Can the structure of a riparian forest remnant influence stream water quality? A tropical case study[J].Hydrobiologia,724：175-185.

GETACHEW B, MANJUNATHA B R, BHAT G H, 2021. Assessing current and projected soil loss under changing land use and climate using RUSLE with Remote sensing and GIS in the Lake Tana Basin,Upper Blue Nile River Basin, Ethiopia[J]. The egyptian journal of remote sensing and space science,24：907-918.

GOWARD S N,XUE Y K,CZAJKOWSKI K P,2002.Evaluating land surface moisture conditions from the remotely sensed temperature/vegetation index measurements:an exploration with the simplified simple-biosphere model[J].Remote sensing of environment,79:225-242.

HOU W J, GAO J B, WU S H, 2020. Quantitative analysis of the influencing factors and their interactions in runoff generation in a karst basin of southwestern China[J].Water,12:411-419.

JAT BALOCH M Y J, ZHANG W J, AL SHOUMIK B A, et al., 2022. Hydrogeochemical mechanism associated with land use land cover indices using geospatial,remote sensing techniques,and health risks model[J].Sustainability,14: 2478-2489.

JAKADA H,CHEN Z H,2020.An approach to runoff modelling in small karst watersheds using the SWAT model[J].Arabian journal of geosciences, 13:1-18.

JIANG Y J, YAN J, 2010. Effects of land use on hydrochemistry and contamination of karst groundwater from Nandong underground river system, China[J].Water,air & soil pollution,210:123-141.

LI C W, ZHANG H Y, HAO Y H, et al., 2020. Characterizing the heterogeneous correlations between the landscape patterns and seasonal variations of total nitrogen and total phosphorus in a peri-urban watershed[J]. Environmental science and pollution research,27:34067-34077.

LIN C Y C,LISCOW Z D,2013.Endogeneity in the environmental kuznets curve:an instrumental variables approach[J].American journal of agricultural economics,95:268-274.

LIN Y, LI W J, YU J, et al., 2018. Ecological sensitivity evaluation of tourist region based on remote sensing image:taking Chaohu Lake area as a case study [J]. The international archives of the photogrammetry, remote sensing and spatial information sciences,XLII-3:1015-1021.

LONG D T,PEARSON A L,VOICE T C,2018.Influence of rainy season and land use on drinking water quality in a karst landscape,State of Yucatán, Mexico[J].Applied geochemistry,98:265-277.

MALAGÒ A, EFSTATHIOU D, BOURAOUI F, et al., 2016. Regional scale hydrologic modeling of a karst-dominant geomorphology:the case study of the Island of Crete[J].Journal of hydrology,540:64-81.

McGREGOR G R, 2019. Climate and rivers [J]. River research and applications,35:1119-1140.

NEITSCH S L,ARNOLD J G,KINIRY J R,et al,2011.Soil and water assessment tool theoretical documentat-ion version 2009 [R].[S.l.]:Texas Water Resources Institute.

NGUYEN V T,DIETRICH J,UNIYAL B,2020.Modeling interbasin groundwater flow in karst areas:model development, application, and calibration strategy[J].Environmental modelling & software,124:1-13.

RICKERT B,VAN DEN BERG H,BEKURE K,et al.,2019.Including aspects of climate change into water safety planning:literature review of global experience and case studies from Ethiopian urban supplies[J].International journal of hygiene and environmental health,22:744-755.

SAJJAD M M,WANG J L,ABBAS H,et al.,2022.Impact of climate and land-use change on groundwater resources, study of Faisalabad district, Pakistan[J].Atmosphere,13:1-15.

SHRESTHA S,BHATTA B,SHRESTHA M,et al.,2018.Integrated assessment of the climate and landuse change impact on hydrology and water quality in the Songkhram River Basin, Thailand [J]. Science of the total environment,643:1610-1622.

SLIVA L,WILLIAMS D D,2001.Buffer zone versus whole catchment approaches to studying land use impact on river water quality[J].Water research,35:3462-3472.

SUHAIL H A,YANG R,CHEN H L,et al.,2020.The impact of river capture on the landscape development of the Dadu River drainage basin,eastern Tibetan plateau[J].Journal of Asian earth sciences,198:1-11.

THOMAS A R C,BOND A J,HISCOCK K M,2013.A multi-criteria based review of models that predict environmental impacts of land use-change for perennial energy crops on water, carbon and nitrogen cycling[J].GCB bioenergy,5:227-242.

TORRES-BEJARANO F,TORREGROZA-ESPINOSA A C,MARTÍNEZ-MERA E,et al.,2023.Impact of land cover changes on water quality:an application to the Guájaro Reservoir,Colombia[J].International journal of environmental science and technology,20:3577-3590.

WANG J F,ZHANG T L,FU B J,2016.A measure of spatial stratified heterogeneity[J].Ecological indicators,67:250-256.

WANG J X, HU M G, ZHANG F S, et al., 2018. Influential factors detection for surface water quality with geographical detectors in China[J]. Stochastic environmental research and risk assessment,32:2633-2645.

WILLIAMS J R,JONES C A,DYKE P T,1984. The EPIC model and its application [C]//Minimum data sets for agrotechnology transfer. India: Patancheru:111-121.

XU H,2008.A new index for delineating built-up land features in satellite imagery[J].International journal of remote sensing,29:4269-4276.

XU Q Y,WANG P,SHU W,et al.,2021.Influence of landscape structures on river water quality at multiple spatial scales:a case study of the Yuan river watershed,China[J].Ecological indicators,121:1-11.

XU S, LI S L, ZHONG J, et al., 2020. Spatial scale effects of the variable relationships between landscape pattern and water quality:example from an agricultural karst river basin, Southwestern China [J]. Agriculture ecosystems & environment,300:13-25.

ZHANG B P,YAO Y H,2016.Implications of mass elevation effect for the altitudinal patterns of global ecology[J].Journal of geographical sciences,26: 871-877.

ZHANG J J,GANGOPADHYAY P,2015.Dynamics of environmental quality and economic development:the regional experience from Yangtze River Delta of China[J].Applied economics,47:3113-3123.

ZHANG X D, HUANG G H, NIE X H, 2011. Possibilistic stochastic water management model for agricultural nonpoint source pollution[J].Journal of water resources planning and management,137:101-112.

附　　录

附表 1　子流域地形特征

区域	子流域	平均高程 /m	高程标准差 /m	平均地形起伏度 /m	地形起伏度标准差 /m
小起伏地区	W1	1 510	156	121	48
	W2	1 585	147	91	40
	W3	1 348	149	123	49
	W4	1 549	201	103	52
	W5	1 490	175	85	45
	W6	1 312	191	124	54
	W7	1 197	194	115	50
	W8	950	185	122	47
	W9	993	196	119	54
	W10	1 030	197	99	56
	W11	958	222	106	43
	W12	1 078	246	122	56
	W13	1 158	193	88	41
	W14	991	220	111	44
	W15	957	290	118	56
	W16	1 091	257	101	55
	W17	504	163	92	53

区域	子流域	平均高程 /m	高程标准差 /m	平均地形起伏度 /m	地形起伏度标准差 /m
大起伏地区	W18	1 199	199	135	60
	W19	1 380	303	130	61
	W20	1 265	270	141	66
	W21	1 109	389	172	74
	W22	887	293	154	72
	W23	1 144	273	176	68
	W24	1 021	271	207	74
	W25	1 001	243	139	62
	W26	631	255	123	61
	W27	403	149	170	61
	W28	976	342	142	82

附表2 坡地景观斑块密度（PD）

区域	A1	B1	C1	A2	B2	C2	A3	B3	C3	A4	B4	C4	A5	B5	C5	A6	B6	C6
W1	0.55	0.48	0.56	2.46	0.80	1.35	0.76	0.29	0.60	3.02	1.06	1.74	0.86	0.35	0.58	0.16	0.15	0.05
W2	0.24	0.18	0.03	2.45	0.96	0.99	0.70	0.13	0.25	3.55	0.63	1.42	1.81	0.52	0.69	0.22	0.25	0.06
W3	0.46	0.43	0.27	1.70	0.86	1.15	0.60	0.19	0.51	2.98	1.15	2.09	1.24	0.70	1.11	0.32	0.31	0.15
W4	0.28	0.15	0.05	3.46	1.26	1.07	0.10	0.07	0.05	4.79	0.95	1.48	1.27	0.55	0.58	0.28	0.25	0.05
W5	0.43	0.36	0.17	6.53	1.58	1.58	0.12	0.06	0.05	5.70	1.89	1.52	2.16	1.24	0.46	0.08	0.07	0.01
W6	0.67	0.62	0.30	3.69	1.86	2.36	0.68	0.33	0.41	3.57	1.43	1.84	0.32	0.24	0.25	0.02	0.02	0.01
W7	0.97	0.48	0.55	1.66	1.18	0.84	0.48	0.31	0.22	5.17	1.32	2.32	1.40	0.82	0.68	0.03	0.03	0
W8	0.66	0.48	0.26	4.60	1.84	3.18	0.38	0.34	0.28	2.74	1.67	1.88	0.84	0.80	0.88	0.01	0.01	0
W9	0.53	0.41	0.21	5.43	2.40	3.00	2.08	1.29	1.34	1.75	0.97	1.00	2.81	1.60	1.65	0	0	0
W10	1.43	1.24	0.19	4.29	2.69	1.30	6.07	1.85	2.00	1.18	0.53	0.32	0.37	0.25	0.18	0.49	0.49	0.10
W11	0.69	0.58	0.10	2.94	1.97	1.22	2.44	0.85	0.75	5.16	0.95	2.35	0.92	0.37	0.46	0.29	0.15	0.06
W12	0.19	0.17	0.11	2.42	1.12	1.65	1.19	0.37	0.49	4.32	0.98	2.09	0.52	0.28	0.35	0.05	0.04	0.01
W13	0.21	0.16	0.06	2.09	1.61	0.87	1.50	0.54	0.48	4.84	1.11	1.33	0.29	0.16	0.08	0.52	0.65	0.02
W14	1.18	0.64	0.62	4.14	1.47	2.22	0.18	0.17	0.16	4.37	1.54	2.17	1.07	0.62	0.54	0.04	0.03	0.01
W15	0.99	0.50	0.50	2.52	1.05	1.31	0.81	0.56	0.30	3.36	1.12	1.66	1.11	0.69	0.61	0.04	0.05	0
W16	0.15	0.25	0.15	0.22	0.29	0.17	5.52	1.20	1.49	0.30	0.32	0.37	0.05	0.08	0.06	0.01	0.01	0
W17	2.31	2.27	0.49	2.59	1.83	0.79	0.39	0.59	0.42	3.67	1.92	1.24	0.03	0.01	0	0.11	0.11	0.03
平均	0.70	0.55	0.27	3.13	1.52	1.47	1.41	0.54	0.58	3.56	1.15	1.58	1.00	0.55	0.54	0.16	0.15	0.03

小起伏地区

附表 2（续）

区域	A1	B1	C1	A2	B2	C2	A3	B3	C3	A4	B4	C4	A5	B5	C5	A6	B6	C6
W18	0.72	0.83	0.50	2.16	1.59	1.07	0.22	0.16	0.15	4.63	1.83	1.67	1.89	1.30	0.98	0.05	0.06	0
W19	0.27	0.23	0.14	3.95	1.92	2.20	0.12	0.04	0.06	4.49	1.71	1.98	0.89	0.26	0.37	0.03	0.03	0
W20	0.11	0.09	0.12	3.81	2.72	3.06	1.28	0.65	0.50	5.81	3.12	2.30	0.74	0.24	0.24	0	0	0
W21	0.14	0.19	0.13	0.10	0.14	0.09	6.15	2.70	1.11	0.47	0.23	0.31	0.32	0.17	0.27	0.04	0.06	0.01
W22	0.46	1.26	1.07	0.96	0.91	0.89	3.07	1.46	1.75	2.11	0.98	1.53	0.03	0.03	0.03	0.07	0.06	0.01
W23	0.08	0.03	0.05	0.12	0.32	0.18	7.57	2.33	1.72	0.19	0.29	0.33	0	0	0	0.02	0.01	0
W24	0.35	0.35	0.50	0	0.04	0.02	5.34	3.27	1.18	0.01	0.01	0	0.12	0.28	0.14	0.05	0.01	0.01
W25	0.20	0.36	0.31	0.52	0.58	0.39	4.97	0.90	1.64	0.17	0.12	0	0.34	0.28	0.19	0	0	0
W26	1.36	1.61	0.57	1.54	1.28	0.71	1.72	0.91	0.85	2.48	1.00	1.11	0.10	0.12	0.08	0.02	0.03	0.01
W27	3.14	5.30	0.47	5.05	4.14	0.59	0.16	0.03	0.06	0.40	0.15	0.13	0.01	0.01	0.01	0.09	0.09	0
W28	1.31	1.13	0.47	1.98	0.96	0.97	3.24	1.51	1.00	0.85	0.38	0.44	0.10	0.06	0.08	0.06	0.06	0.01
平均	0.74	1.03	0.39	1.84	1.33	0.92	3.08	1.27	0.91	1.96	0.89	0.89	0.41	0.25	0.22	0.04	0.04	0

大起伏地区

附表 3　坡地景观最大斑块指数(LPI)

区域	A1	B1	C1	A2	B2	C2	A3	B3	C3	A4	B4	C4	A5	B5	C5	A6	B6	C6
W1	0.21	0.61	0.11	0.23	3.61	0.25	0.02	4.95	0.42	0.07	5.36	0.82	0.05	0.91	0.09	0.06	0.17	0.03
W2	0.22	0.58	0.04	0.50	3.35	0.23	0.05	1.22	0.04	0.09	4.05	0.08	0.16	1.15	0.12	0.19	0.10	0.01
W3	0.10	0.40	0.08	0.10	0.92	0.40	0.01	3.26	0.14	0.03	3.19	0.55	0.03	1.05	0.27	0.45	0.17	0.02
W4	0.10	0.49	0.04	0.32	7.22	0.26	0.09	0.25	0.08	0.08	8.07	0.51	0.02	0.59	0.17	0.03	0.12	0.01
W5	0.14	0.28	0.04	0.19	4.75	0.20	0.01	0.18	0.04	0.09	2.57	0.25	0.07	0.33	0.11	0.06	0.05	0.01
W6	0.16	0.12	0.06	0.09	2.98	0.42	0.01	1.69	0.69	0.02	2.22	0.67	0.02	0.15	0.05	0.01	0.03	0
W7	0.09	0.66	0.15	0.39	0.73	0.09	0.03	0.22	0.10	0.06	11.42	0.87	0.11	0.93	0.09	0.08	0.03	0
W8	0.11	0.56	0.08	0.16	8.55	0.29	0.02	0.16	0.04	0.03	2.32	0.26	0.03	0.60	0.14	0.02	0.03	0
W9	0.11	0.22	0.03	0.09	3.24	0.20	0.02	0.64	0.68	0.02	1.11	0.30	0.04	0.87	0.40	0.01	0.01	0
W10	0.21	0.30	0.02	0.14	0.56	0.11	0.22	7.91	0.54	0.06	1.54	0.79	0.02	0.38	0.25	1.43	0.64	0.03
W11	0.32	0.52	0.02	0.13	0.95	0.17	0.10	3.06	0.25	0.23	12.34	0.35	0.06	1.26	0.12	0.34	0.81	0.02
W12	0.03	0.09	0.01	0.02	1.24	0.03	0.01	0.87	1.17	0.01	5.39	0.21	0.01	0.45	0.08	0.05	0.04	0
W13	0.05	0.34	0.03	0.29	1.09	0.10	0.19	3.40	0.11	0.11	15.60	0.71	0.04	0.29	0.01	4.46	0.58	0.01
W14	1.18	0.64	0.62	4.14	1.47	2.22	0.18	0.17	0.16	4.37	1.54	2.17	1.07	0.62	0.54	0.04	0.03	0.01
W15	0.99	0.50	0.50	2.52	1.05	1.31	0.81	0.56	0.30	3.36	1.12	1.66	1.11	0.69	0.61	0.04	0.05	0.01
W16	0.15	0.25	0.15	0.22	0.29	0.17	5.52	1.20	1.49	0.30	0.32	0.37	0.05	0.08	0.06	0.01	0.01	0
W17	2.31	2.27	0.49	2.59	1.83	0.79	0.39	0.59	0.42	3.67	1.92	1.24	0.03	0.01	0	0.11	0.11	0.03
平均	0.38	0.52	0.15	0.71	2.58	0.43	0.45	1.78	0.39	0.74	4.71	0.69	0.17	0.61	0.18	0.43	0.18	0.01

小起伏地区

附表 3（续）

区域		A1	B1	C1	A2	B2	C2	A3	B3	C3	A4	B4	C4	A5	B5	C5	A6	B6	C6
大起伏地区	W18	0.27	0.95	0.23	0.26	0.85	0.11	0.02	0.16	0.13	0.19	3.74	0.59	0.06	0.77	0.15	0.05	0.02	0
	W19	0.04	0.73	0.04	0.16	2.20	0.37	0.01	0.35	0.08	0.07	2.80	0.26	0.03	1.59	0.08	0.02	0.04	0
	W20	0.01	0.24	0.06	0.05	2.74	0.32	0.02	0.48	0.73	0.08	3.57	4.50	0.04	1.02	0.16	0.01	0	0
	W21	0.14	0.19	0.13	0.10	0.14	0.09	6.15	2.70	1.11	0.47	0.23	0.31	0.32	0.17	0.27	0.04	0.06	0.01
	W22	0.46	1.26	1.07	0.96	0.91	0.89	3.07	1.46	1.75	2.11	0.98	1.53	0.03	0.03	0.03	0.07	0.06	0.01
	W23	0.08	0.03	0.05	0.12	0.32	0.18	7.57	2.33	1.72	0.19	0.29	0.33	0	0	0	0.02	0.01	0
	W24	0.35	0.35	0.50	0	0.04	0.02	5.34	3.27	1.18	0.01	0.01	0	0.12	0.28	0.14	0.05	0.01	0.01
	W25	0.20	0.36	0.31	0.52	0.58	0.39	4.97	0.90	1.64	0.17	0.12	0	0.34	0.28	0.19	0	0	0
	W26	1.36	1.61	0.57	1.54	1.28	0.71	1.72	0.91	0.85	2.48	1.00	1.11	0.10	0.12	0.08	0.02	0.03	0.01
	W27	3.14	5.30	0.47	5.05	4.14	0.59	0.16	0.03	0.06	0.40	0.15	0.13	0.01	0.01	0.01	0.09	0.09	0
	W28	1.31	1.13	0.47	1.98	0.96	0.97	3.24	1.51	1.00	0.85	0.38	0.44	0.10	0.06	0.08	0.06	0.06	0.01
	平均	0.67	1.10	0.35	0.98	1.29	0.42	2.93	1.28	0.93	0.64	1.21	0.84	0.10	0.39	0.11	0.04	0.03	0.00

附表 4 坡地景观边缘密度（ED）

区域	A1	B1	C1	A2	B2	C2	A3	B3	C3	A4	B4	C4	A5	B5	C5	A6	B6	C6
W1	6.0	12.7	3.9	12.6	34.2	12.9	2.7	12.4	6.5	12.0	42.4	21.0	3.9	13.4	4.9	1.2	2.1	0.3
W2	3.3	4.2	0.2	20.5	37.2	7.3	3.7	7.5	2.0	18.7	41.3	13.2	9.9	22.1	5.9	2.2	3.2	0.2
W3	4.4	9.2	2.1	7.6	25.6	12.1	2.1	8.5	4.9	11.6	49.4	31.1	6.4	22.8	12.6	2.5	4.9	0.7
W4	2.2	3.3	0.5	20.2	42.9	10.5	0.7	1.5	0.4	24.8	52.0	17.6	5.9	17.4	6.9	1.8	3.4	0.2
W5	2.9	6.2	1.0	35.4	71.8	10.7	0.4	1.3	0.4	26.2	56.1	12.6	11.3	22.7	3.1	0.6	0.8	0.1
W6	5.1	10.0	1.9	18.3	53.2	20.8	2.4	10.1	6.4	12.5	43.9	22.5	1.2	4.7	2.2	0.2	0.3	0
W7	6.2	15.1	4.7	9.1	26.2	5.2	1.7	5.6	3.0	21.1	67.4	30.3	7.2	20.1	5.0	0.3	0.4	0
W8	4.6	11.4	1.4	19.9	66.7	25.7	1.2	4.4	1.9	8.5	39.8	19.8	2.8	16.8	7.5	0.1	0.2	0
W9	3.3	6.6	1.2	22.8	65.4	22.7	6.3	26.2	14.9	5.8	20.6	9.1	10.8	33.7	13.2	0	0	0
W10	9.8	14.2	0.9	22.8	44.5	7.9	26.4	60.6	23.2	5.2	12.2	4.5	1.2	4.3	2.1	6.9	7.8	0.4
W11	4.0	7.6	0.5	12.4	36.0	7.0	9.2	23.4	8.7	23.1	59.2	23.5	3.9	10.5	3.2	2.1	3.5	0.2
W12	1.3	3.1	0.7	10.2	35.2	13.8	3.8	14.2	9.0	16.4	53.1	28.0	1.9	7.6	3.8	0.5	0.7	0.1
W13	1.0	2.8	0.4	12.0	31.4	5.1	8.3	17.0	3.8	25.2	55.7	15.0	1.4	3.3	0.3	7.4	9.1	0.1
W14	6.8	16.4	4.3	19.0	55.9	17.2	0.5	3.0	3.8	17.8	55.9	21.7	4.3	13.9	3.7	0.4	0.4	0
W15	6.2	15.6	4.0	13.1	39.4	10.2	2.7	12.7	8.2	15.0	47.6	18.2	5.0	16.8	4.7	0.6	0.9	0.1
W16	1.1	4.2	1.3	1.0	5.5	1.2	19.6	77.3	52.3	0.8	5.7	3.5	0.2	1.2	0.4	0.1	0.2	0
W17	26.8	40.9	2.3	16.4	34.3	5.9	1.3	8.0	4.9	20.7	51.2	18.0	0.1	0.2	0	0.9	1.0	0.1
平均	5.6	10.8	1.8	16.1	41.5	11.5	5.5	17.3	9.0	15.6	44.3	18.2	4.6	13.6	4.7	1.6	2.3	0.1

小起伏地区

附表 4（续）

区域	A1	B1	C1	A2	B2	C2	A3	B3	C3	A4	B4	C4	A5	B5	C5	A6	B6	C6
W18	6.1	14.6	5.4	13.0	33.3	7.8	0.7	3.2	1.7	21.5	58.0	22.9	9.3	28.6	7.8	0.4	0.5	0
W19	1.6	4.2	1.6	18.6	52.7	21.4	0.4	1.6	0.7	18.6	49.9	23.6	4.0	9.5	3.2	0.2	0.3	0
W20	0.3	2.1	0.9	15.7	53.1	20.8	4.1	15.0	7.7	19.1	72.7	43.2	3.2	6.3	2.1	0	0	0
W21	1.8	4.3	0.8	0.3	1.8	0.7	19.6	77.0	56.5	1.9	6.1	2.5	1.3	5.7	3.2	0.4	0.5	0.1
W22	1.7	14.0	7.0	7.0	20.7	6.7	10.7	49.4	33.4	9.3	33.2	16.1	0.1	0.6	0.3	0.4	0.3	0
W23	0.5	1.2	0.3	0.8	3.7	2.1	24.3	92.7	69.2	0.6	4.2	3.0	0	0	0	0.1	0.1	0
W24	1.2	8.9	5.4	0	0.2	0.2	13.9	74.1	59.6	0	0.1	0	0.3	2.5	2.4	0.1	0.6	0
W25	1.4	5.9	2.7	3.0	12.0	4.2	23.0	67.5	39.1	1.2	2.1	0	1.3	4.5	2.2	0	0	0
W26	10.0	26.3	2.9	10.4	27.6	4.8	6.4	27.3	15.7	12.7	40.2	14.3	0.3	2.1	1.2	0.1	0.3	0
W27	53.8	55.7	4.2	46.0	56.6	11.3	0.6	1.6	0.4	1.5	3.5	1.2	0	0.1	0.1	1.3	0.5	0
W28	10.9	22.4	2.8	12.2	30.7	9.3	11.8	46.6	30.6	3.8	11.5	5.0	0.4	1.7	0.8	0.4	0.7	0
平均	8.1	14.5	3.1	11.5	26.6	8.1	10.5	41.5	28.6	8.2	25.6	12.0	1.8	5.6	2.1	0.3	0.3	0

大起伏地区

附表 5　坡地景观形状指数(LSI)

区域	A1	B1	C1	A2	B2	C2	A3	B3	C3	A4	B4	C4	A5	B5	C5	A6	B6	C6
W1	15	18	13	27	25	20	16	15	14	30	30	24	17	16	14	7	8	3
W2	13	13	4	40	38	25	21	17	13	48	41	32	33	31	21	12	15	5
W3	18	20	12	29	31	25	18	16	17	40	43	39	28	31	26	12	16	8
W4	15	12	6	48	44	28	8	10	5	61	51	35	30	31	22	14	15	6
W5	15	18	9	53	54	26	6	6	5	49	48	26	30	33	14	6	7	2
W6	27	34	16	56	63	47	26	29	21	55	61	46	16	21	16	5	5	2
W7	22	24	17	26	31	19	14	17	11	48	47	37	25	27	18	4	4	1
W8	18	23	10	44	48	40	12	15	11	34	41	32	18	27	20	2	3	0
W9	18	23	12	56	62	45	34	43	32	31	37	27	40	47	33	2	2	0
W10	25	29	9	43	47	23	50	49	33	22	24	13	11	14	10	17	20	6
W11	11	13	5	22	26	14	20	20	13	32	27	22	13	13	9	7	7	3
W12	30	38	23	104	114	94	73	76	60	141	135	116	49	57	44	15	18	9
W13	6	7	4	20	25	13	18	17	11	34	28	19	8	8	4	10	14	2
W14	28	30	20	50	51	39	10	14	11	52	55	40	25	29	18	5	6	2
W15	40	42	28	62	64	44	32	40	29	71	73	55	40	46	30	9	11	3
W16	10	14	11	10	16	9	9	14	43	12	17	14	5	8	5	3	2	0
W17	25	29	10	25	26	14	9	14	10	29	30	21	2	3	0	4	6	3
平均	20	23	12	42	45	31	25	26	20	46	46	35	23	26	18	8	9	3

小起伏地区

附表 5（续）

区域		A1	B1	C1	A2	B2	C2	A3	B3	C3	A4	B4	C4	A5	B5	C5	A6	B6	C6
大起伏地区	W18	18	22	14	28	32	20	8	11	8	40	43	28	26	30	19	4	6	0
	W19	18	20	15	67	70	55	11	12	9	70	73	55	31	30	23	6	6	2
	W20	8	10	10	49	61	47	27	34	22	58	74	50	21	21	13	1	2	0
	W21	7	11	7	6	8	5	40	51	35	13	10	10	10	11	11	4	5	2
	W22	10	20	16	17	21	15	27	31	23	23	25	21	2	4	3	3	4	1
	W23	5	5	3	5	8	6	32	39	28	6	9	7	0	0	0	2	2	0
	W24	8	11	9	0	2	2	27	35	22	1	2	0	4	8	7	2	3	1
	W25	6	8	7	9	12	8	26	23	19	5	5	0	7	7	6	0	0	0
	W26	32	40	19	34	40	22	35	40	29	42	45	32	8	11	7	4	4	3
	W27	36	42	13	43	39	17	6	6	4	11	10	7	1	2	2	7	5	0
	W28	57	73	33	74	78	52	86	99	68	46	48	37	15	19	15	12	14	4
	平均	19	24	13	30	34	23	30	35	24	29	31	22	11	13	10	4	5	1

附表6 坡地景观平均斑块大小(MPS)

区域	A1	B1	C1	A2	B2	C2	A3	B3	C3	A4	B4	C4	A5	B5	C5	A6	B6	C6
W1	3.2	12.9	2.0	1.1	29.4	3.5	0.5	31.2	4.4	0.6	23.3	5.2	0.8	23.3	2.6	2.4	5.4	1.3
W2	6.2	13.9	2.7	2.8	26.1	2.3	1.2	41.5	2.5	1.1	42.2	3.1	1.3	25.4	2.8	3.7	4.9	0.8
W3	2.7	10.5	2.3	0.8	16.7	4.1	0.5	37.2	3.5	0.6	24.7	6.4	0.9	16.1	4.3	2.9	6.2	0.8
W4	2.5	15.4	3.3	1.5	22.2	3.7	1.9	13.5	3.0	1.0	32.9	5.0	0.9	16.5	5.0	1.6	6.0	1.0
W5	1.7	5.8	1.4	1.2	11.8	1.9	0.7	13.1	2.1	0.9	13.7	2.7	1.2	7.1	2.0	2.0	3.8	1.0
W6	1.9	5.1	1.7	1.1	13.9	3.0	0.4	13.3	7.7	0.5	14.1	4.8	0.7	8.0	2.6	1.9	6.4	1.1
W7	1.5	14.7	2.5	1.4	11.6	1.7	0.5	7.2	5.5	0.7	30.2	5.3	1.1	12.5	2.1	3.3	3.8	0.5
W8	1.8	9.8	1.4	0.9	20.1	2.4	0.6	4.9	1.9	0.5	10.6	3.7	0.5	8.8	2.8	4.1	5.1	0
W9	1.6	5.3	1.3	0.8	12.4	2.2	0.4	7.7	4.1	0.6	9.0	3.1	0.7	8.6	2.5	2.7	1.9	0
W10	1.9	3.3	0.8	1.2	6.3	1.6	0.9	15.5	4.5	0.9	9.9	6.9	0.6	7.1	4.4	6.2	5.7	0.9
W11	1.4	4.1	0.7	0.8	7.7	1.4	0.7	12.9	4.1	0.8	39.0	3.4	0.7	13.2	1.9	2.4	14.0	0.7
W12	2.1	7.6	1.6	0.8	17.3	2.6	0.5	19.8	9.2	0.6	32.4	5.7	0.6	13.2	4.4	3.9	7.7	1.3
W13	1.1	8.8	1.4	1.5	9.3	1.5	1.3	18.2	2.4	1.1	33.7	4.1	0.9	9.0	0.6	9.7	5.8	0.7
W14	1.3	11.7	1.9	0.9	21.8	2.3	0.3	6.9	5.4	0.7	17.7	3.5	0.7	9.9	1.9	3.0	3.8	0.3
W15	1.5	16.4	2.5	1.1	22.4	2.5	0.6	11.4	16.6	0.8	23.6	4.0	0.9	11.8	2.3	7.7	7.7	3.5
W16	1.5	7.9	1.9	1.0	8.7	2.2	0.6	42.3	20.7	0.3	7.8	3.4	0.4	7.2	2.2	1.0	10.5	0
W17	4.8	8.3	0.9	1.7	8.9	2.2	0.5	5.3	4.9	1.4	14.8	5.8	0.5	9.7	0	3.5	2.0	0.5
平均	2.3	9.5	1.8	1.2	15.7	2.4	0.7	17.8	6.0	0.8	22.3	4.5	0.8	12.2	2.6	3.6	5.9	0.8

小起伏地区

附表 6（续）

区域	A1	B1	C1	A2	B2	C2	A3	B3	C3	A4	B4	C4	A5	B5	C5	A6	B6	C6
W18	2.5	8.5	4.3	1.6	10.9	2.1	0.6	9.1	4.5	1.0	16.4	6.2	1.0	10.8	2.5	3.4	2.0	0
W19	1.4	9.3	3.6	1.0	14.8	3.3	0.6	20.1	4.1	0.8	13.7	4.5	1.0	18.8	2.6	2.2	4.0	0.5
W20	0.5	12.1	1.9	0.8	7.9	1.8	0.5	8.6	7.0	0.5	8.8	9.0	1.0	12.3	2.9	1.3	0.8	0
W21	6.2	10.4	1.5	0.5	5.7	2.5	0.6	12.7	34.3	0.8	24.5	2.7	0.7	22.0	4.5	2.7	2.7	4.3
W22	0.7	3.8	1.7	1.7	10.4	2.3	0.5	18.3	12.6	0.8	18.2	3.8	0.2	8.5	5.7	3.4	1.8	0.2
W23	0.9	14.4	4.4	1.4	4.1	3.9	0.5	17.9	23.5	0.4	5.7	4.1	0	0	0	0.2	2.1	0
W24	0.4	12.9	4.4	0	0.7	2.1	0.4	10.6	42.2	0.3	2.3	0	0.4	3.1	7.0	0.3	1.4	0.2
W25	1.2	8.4	2.8	1.1	9.5	3.4	0.9	59.2	13.7	1.9	10.5	0	0.5	7.7	3.1	0	0	0
W26	2.0	7.6	1.1	1.8	10.5	1.8	0.6	15.7	10.1	1.1	23.1	5.1	0.6	8.5	9.2	1.7	3.8	0.3
W27	8.5	3.7	2.5	2.7	5.8	8.9	0.6	27.7	1.7	0.8	10.9	3.0	0.1	2.4	1.5	5.5	1.1	0
W28	2.9	8.5	1.5	1.4	16.8	3.4	0.6	15.6	21.2	0.9	16.4	4.3	0.9	13.4	3.8	2.3	4.4	0.7
平均	2.5	9.1	2.4	1.3	8.8	3.2	0.6	19.6	15.9	0.8	13.7	3.9	0.6	9.8	3.9	2.1	2.2	0.6

大起伏地区